食悟 2

一天一素 编著

北京时代华文书局

序言

以为很快的再见，总是比预期的更久。

当《食悟》第二册即将出版的时候，仿佛一切都换了颜色。

世界在经历它的阵痛期，身在其中的我们也在焦急地等待。等待一个结果，等待一场结束。

等待结束之后，明天还能若无其事地继续。

等待水落石出之后，我们能看清自己身处的世界。

于等待中，思想的徘徊在脑海里卷起层层浪潮，想要冲刷出那洁白的沙岸……

对生命轻与重的掂量，在我们的心中频频交替……

对未来的忧虑与期许，在我们的想象中加速翻转……

对世界的质疑与接纳，在我们的认知中拆与构……

对自我的催促与谅解，在我们的意识里反与复……

然而或许，等待的，并非只有我们。

一个即将诞生的新世界，是否也正等待着我们呢？它等待着更多的作为万物之灵长的人类，可以与这个新世界匹配。

有多少人问过自己：
这个时候，我能做什么？我们能做什么？
这个时候，世界需要我们做什么样的改变？

当人类整体的转折点到来时,个体的响应有多重要?又有多微弱?

是的,既微小又重要。就像浩瀚无垠的夜空,每一颗星星都可有可无,但它们一起,就能承载起人类的仰望。每一点星光都忽明忽暗,但它们汇聚起来,就闪烁出一幅璀璨的天幕。

新世界的序幕已经拉开。旧的意识被推进着更新,它从集体的焦虑与反思中突破,从习以为常的生活细节中破茧,完成又一次文明的蜕变。作为个体的我们,应该跟随那巨大的律动,开始新意识软件的下载。

十年前,提倡公筷公勺;今天,那些曾经不以为然的人们终于发现,这样竟然是对的。

世界各地的咖啡馆里,可用燕麦奶、豆奶替换牛奶的服务,渐渐约定俗成。

大豆制品的素食零食在便利店已有一席之地。各大品牌的植物新膳食餐也陆续上市。

戴口罩,保持距离的强化练习,让我们迅速修改着拥挤无序的旧日形象。

食品安全的危机,如一道道加急的警示,让人们不得不开始正视"素食"这个选项。

太空中这颗美丽的蔚蓝色星球,因为我们无知的放肆而变得暗淡,令多少人心生愧疚……

外界的危机，是内心的题。
内心的困苦，是灵魂的伤。

文明的更替，与世界的安危，
它们之间，考量着无尽的细致与恭谨……

个人的悲欢，与星辰的起落，
它们之间，维系着无限的思索与牵引……

命运的跌宕，与宇宙的常恒，
它们之间，充满着无量的动念与抉择……

《食悟》，以食启悟。用纯净的食物、纯美的图文，向人们讲述一个个关于素食的美好感悟，带着深厚的爱，集合了许许多多素者仁心，呼唤着积极而正向的回应。因为我们相信：

爱，没有边界；
善良，没有止境；
思想，没有穹顶；
精神，没有上限；
文明，没有终点。

每向前踏出一步，
都是心的生长、爱的扩容，
都是世界的进步、人类的福祉。

目录

晋宴

剪刀面	4
百岁三思	7
莜面栲栳栳	9
荞面碗托	11
素拌子	13
金玉米糕	15
五彩馒头	17
大烩菜	19

川宴

高山流水	25
巴蜀榆耳	27
麻婆豆腐	29
藤椒串串	31
茶香萝卜	33
梅干菜扣豆腐	35
秋·栗	39
红糖锅盔	41
腌制圣女果	43

和宴

黑松露豆腐	49
蔬菜天妇罗	51
关东煮	53
甜菜根手握寿司	55
大阪烧	57
草莓大福	59

茶宴

茶香卤料饭	69
宝黄豆腐	71
茄汁手工拉面	73
竹笙蔬食料理	77

广西素宴

油茶	83
露水汤圆	85
桂林米粉	87
五色糯米饭	89
豆腐圆	91
酸姜豆腐煲	93

西素宴

抹茶素蛋糕	99
茴香七层挞	101
藜麦油醋沙拉	103
桃胶水果羹	105
椰香玉米浓汤	107

韩素圣诞宴

土豆饼　　　115
橡子糕　　　117
沙参手卷　　119
泡菜年糕　　121
海葡萄　　　123
石锅拌饭　　125
神仙炉　　　127
韩式米糕　　129

暖阳素宴

娃娃菜卷　　133
水果吐司杯　135
轻串　　　　137
盆菜　　　　139
沙拉披萨　　141
小面　　　　143

广式茶宴

包心菜糕　　149
布拉肠　　　151
椰浆千层糕　153
荷香糯米饭　155
甜薄撑　　　157
高汤云吞　　159
杨枝甘露　　161
水晶豆仔饺　163

大唐素宴

凉面皮　　　168
素泡馍　　　175
锅盔馍　　　179
烙菜盒　　　181
十三花　　　183
哨子面　　　185

阳光素宴

提拉米苏　　193
鲜腐卷　　　197
番茄饭　　　199
国宝茶　　　201

春晓素宴

客家擂茶　　207
三鲜豆皮　　211
紫玉天贝　　213
四喜烤麸　　215
北方烙饼　　217
胡辣汤　　　219

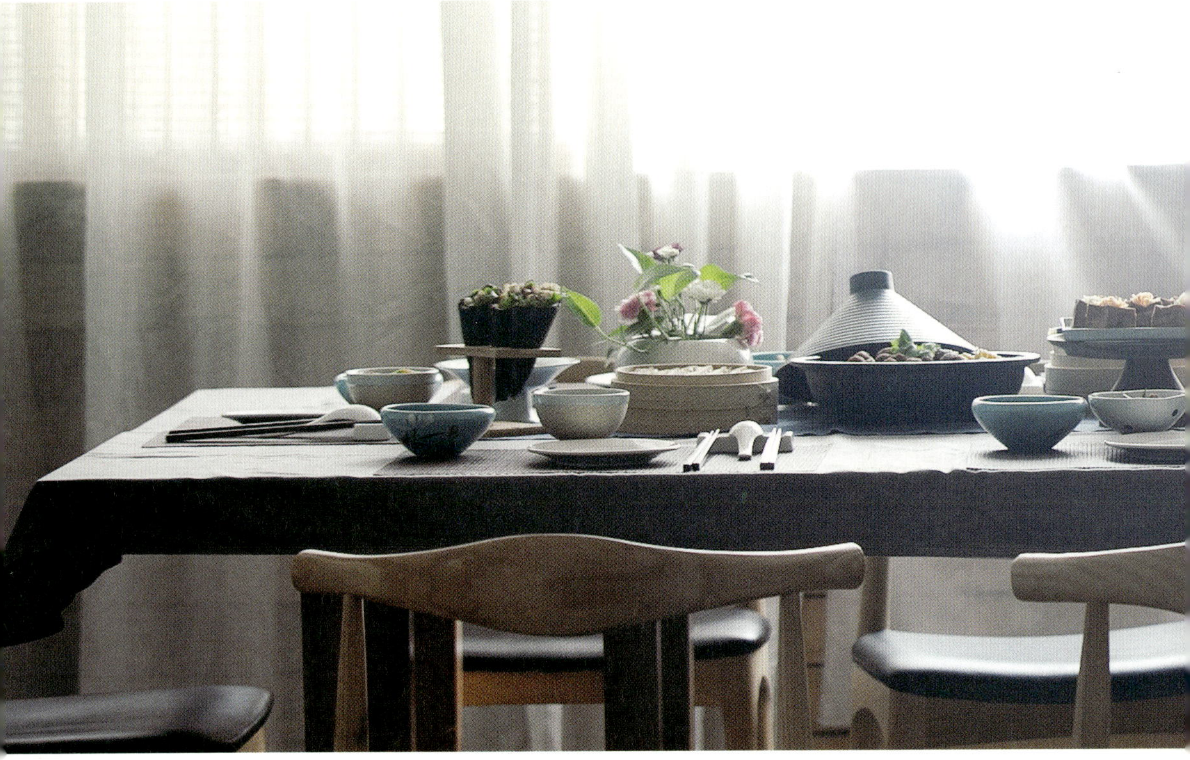

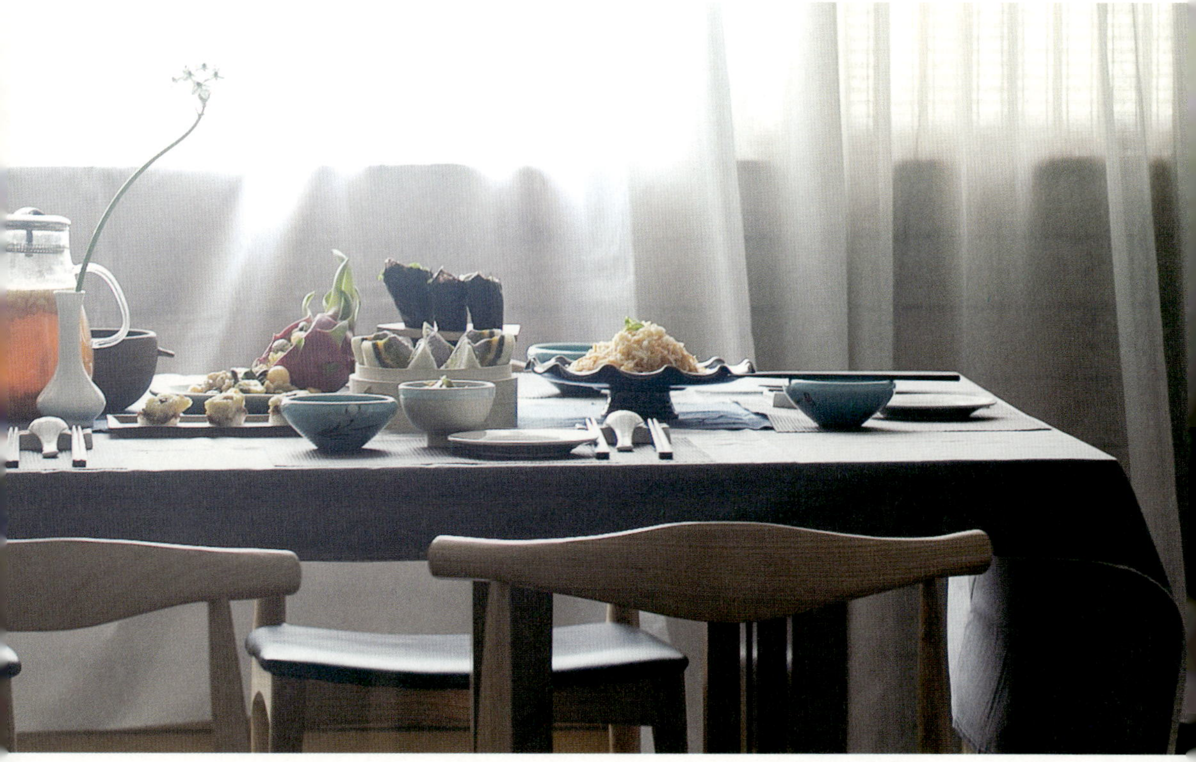

大怀素

我们仿佛,
一路向西……
感受黄土高原的质朴,
回味华夏故里的厚重,
穿越太行之西的悠远,
亲证表里山河的壮丽。
美味美食,
一道一叹,
巧手巧心,
晋善晋美,
素怀仁风,
恒古不息。

晋宴

剪刀面

百岁三思

莜面栲栳栳

荞面碗托

素拌子

金玉米糕

五彩馒头

大烩菜

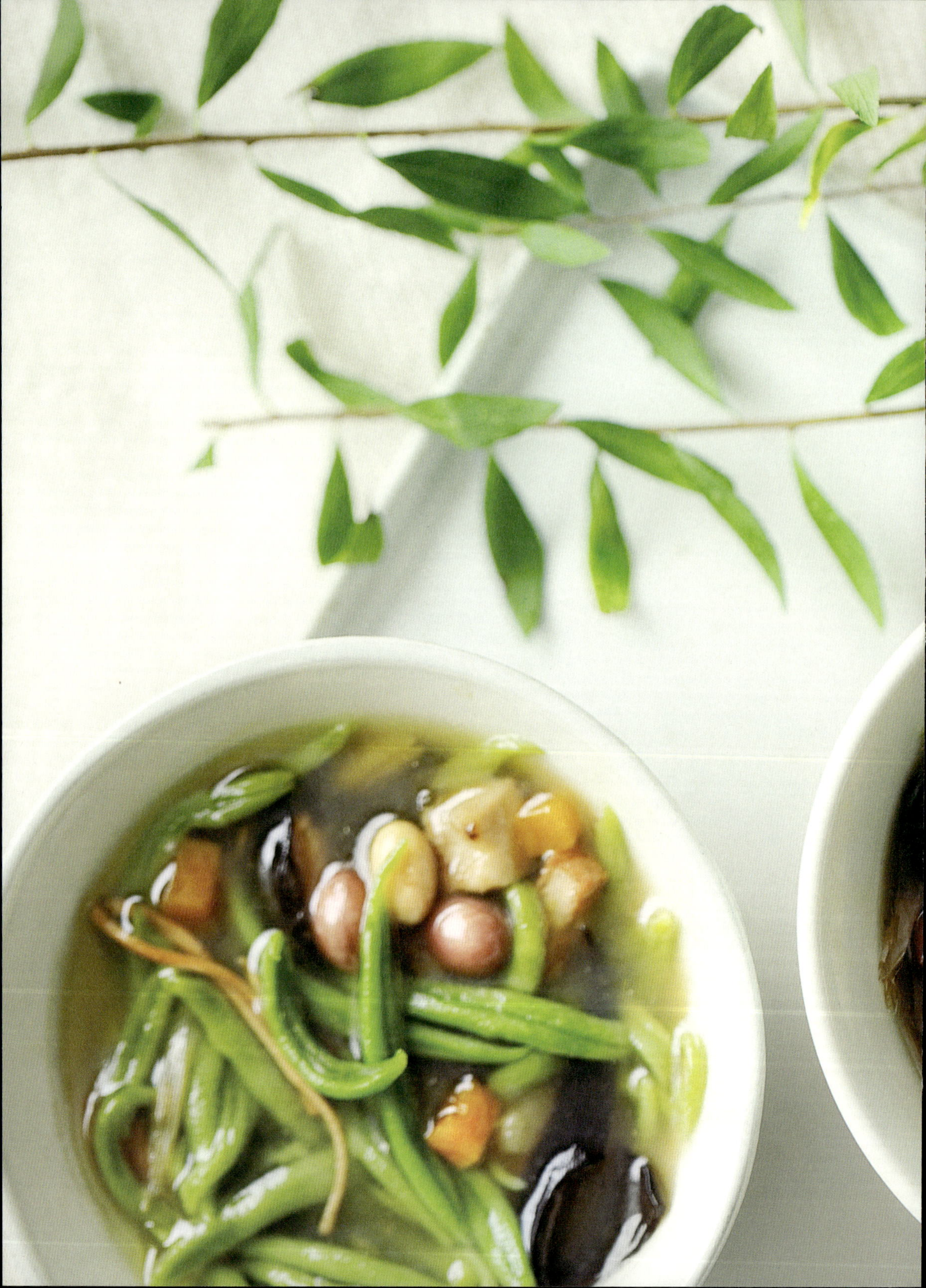

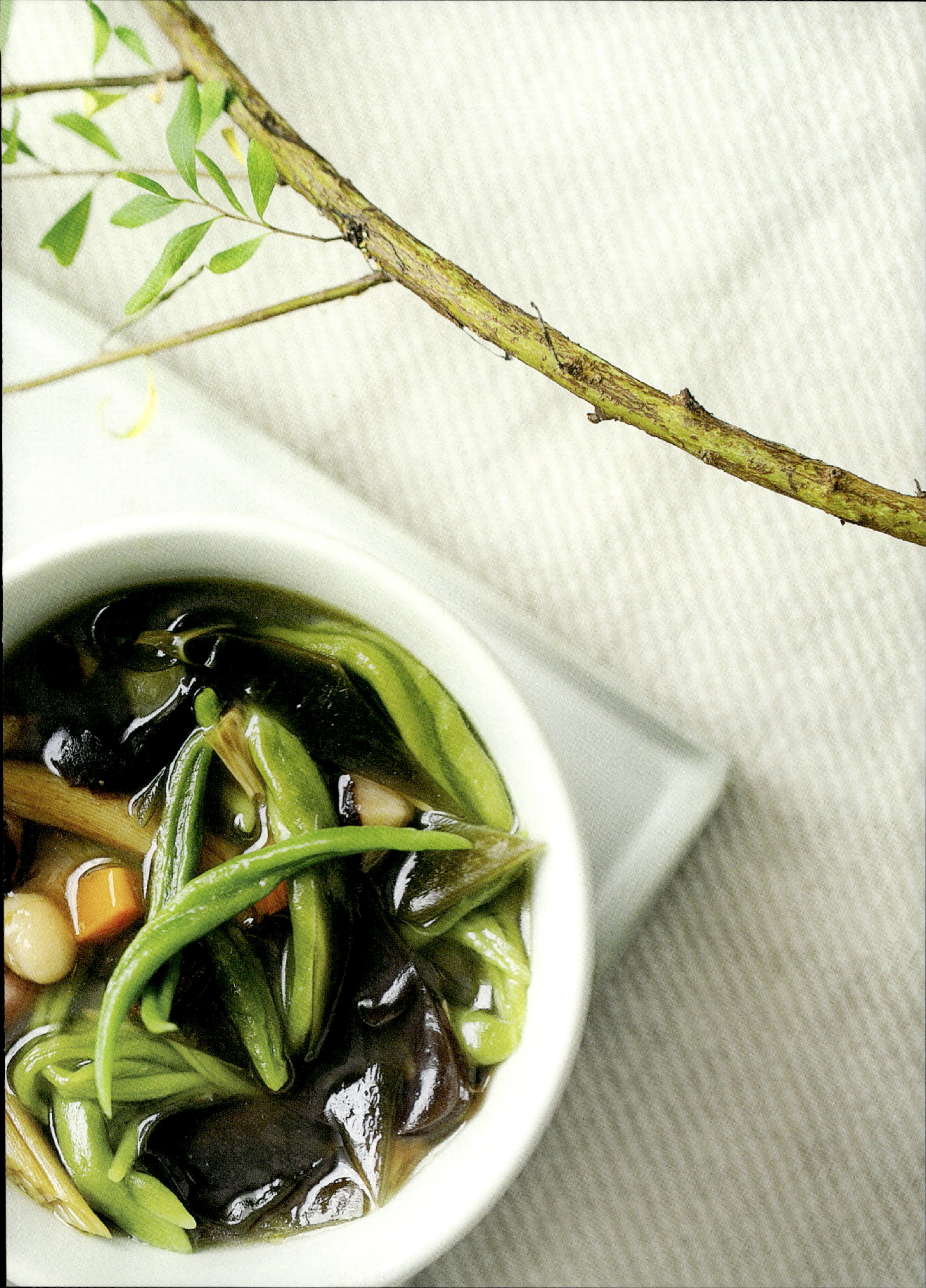

剪刀面

食材 / 1人份
面粉50g 菠菜汁20g

卤料
姬松茸2g 干香菇2g 台蘑2g 发黄花菜1g
木耳0.5g 干腐竹2g 黄豆2g 花生米2g
姜末3g 干海带0.25g 虫草花0.25g 豆腐25g
香菜3g 胡萝卜丝6g

辅料
盐0.5g 糖1g 八角1颗 花椒1g 土豆生粉3g
香叶2片 干辣椒2个 酱油2.5ml 老抽2.5ml
白胡椒粉2g 香油2ml 香芹少许 姜2片

步骤

准备食材
1. 提前一晚分别泡发以下食材：木耳、海带、腐竹、花生米、黄豆、虫草花、干香菇、台蘑、姬松茸。
2. 将豆腐切片，油炸，切丝备用。
3. 熬制素高汤：纯净水140ml，水里加辅料食材，胡萝卜底部一段切大块，熬煮90分钟捞出，制成素高汤。
4. 主料的加工：泡好的干香菇、台蘑、姬松茸，切小丁，分别加少许植物油煸炒香，再加少许酱油调味，装起待用。

制作素卤汤
1. 将素高汤内的辅料全部捞出，放入切好的木耳、海带、腐竹、豆腐丝、花生米、黄豆、虫草花，再把泡过台蘑、姬松茸、虫草花的水过滤后加进高汤，熬煮10分钟，再放入煸炒好的3种菌类，熬煮5分钟，勾薄芡后，装起待用。
2. 加入适量盐、白胡椒粉、老抽、香油调味，再把香芹末撒在上面点缀。
3. 炒锅中加植物油15ml，放花椒、八角，煸炒香后捞出，接着将姜丝炒香，一起倒入提前准备好的菌汤锅中，待用。

制作剪刀面
1. 将面粉与菠菜汁用筷子搅拌成棉絮状，再用手揉和到一起，揉到盆光、面光、手光，然后用保鲜膜包住，醒15分钟。
2. 醒好后，再次把面揉光，分成大小均匀的剂子，再次将剂子揉光，搓成一个圆锥形面块，刚好可以握在手中。
3. 用剪刀剪面，剪成柳叶形状，装起待用。

煮面
1. 将剪刀面放入烧开的水中，煮开。煮的过程中，用漏勺轻轻搅拌，让面在锅内分散开来，柳叶飘然。
2. 再加入一次凉水，同样方法煮开，煮熟后装起待用。
3. 加入素卤汁，即可食用。

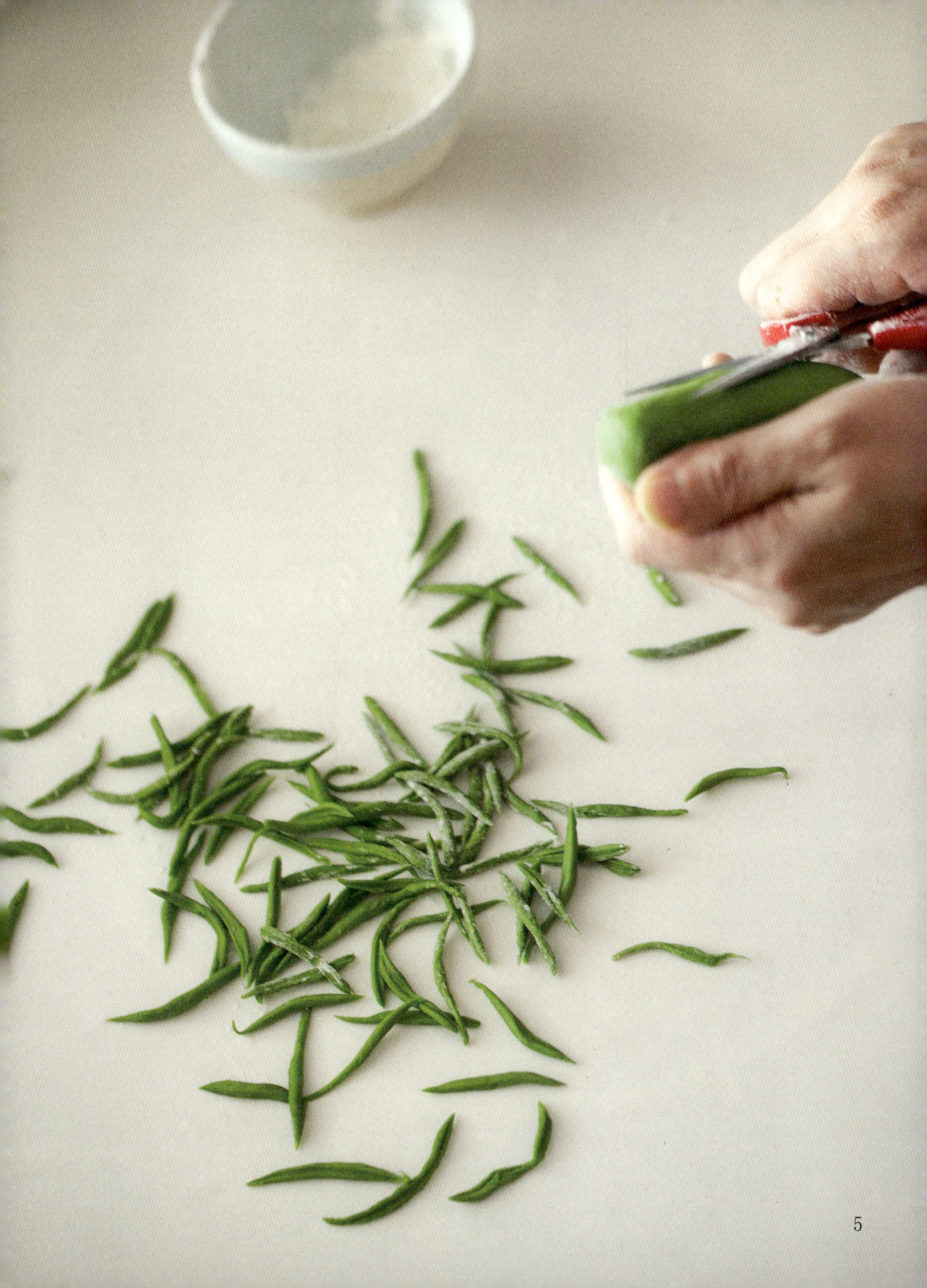

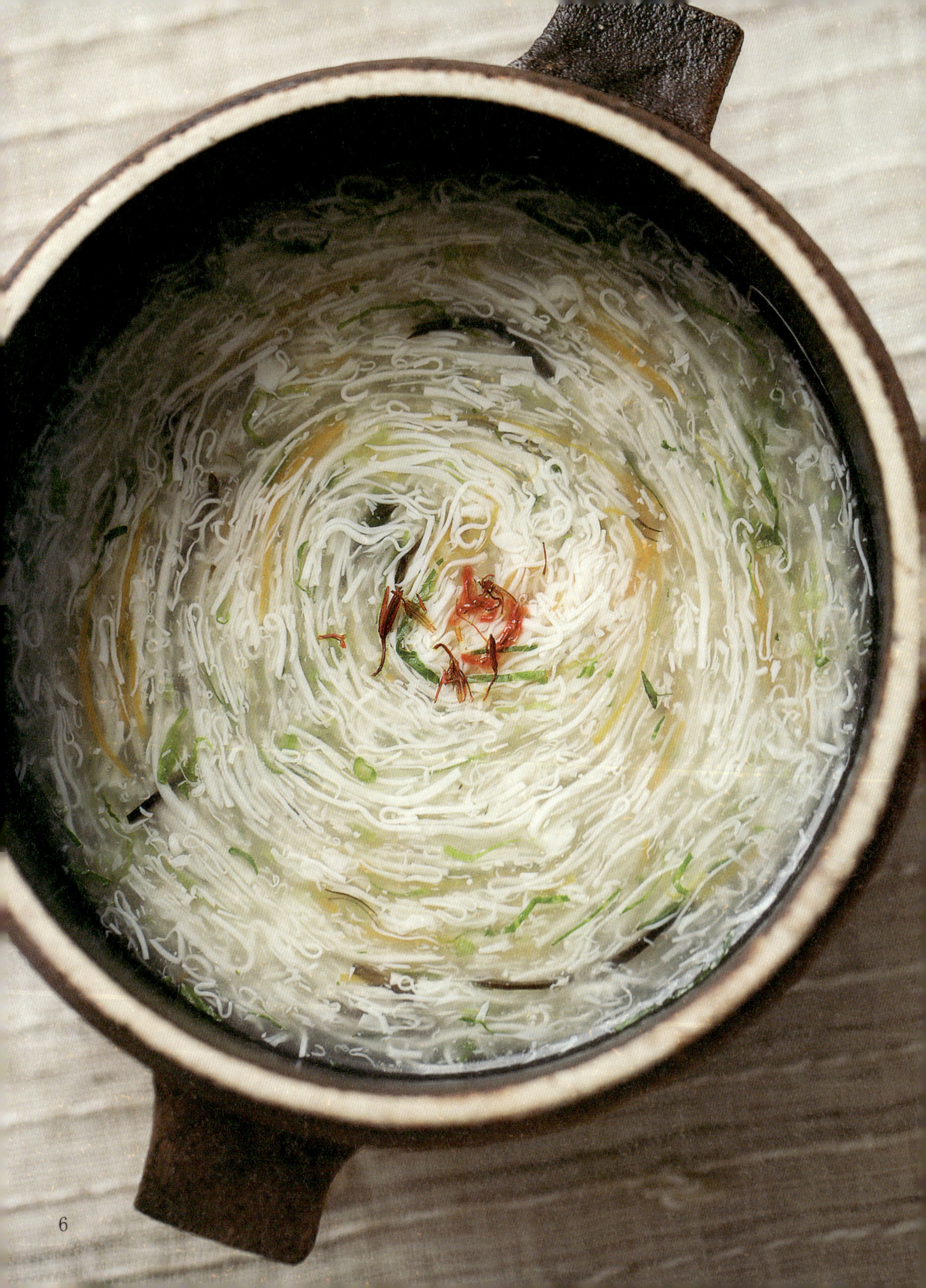

百岁三思

食材 / 12人份

内酯豆腐1.5盒 胡萝卜15g 秋耳15g
生菜15g 香菜3g 小米50g

辅料

盐2g 生粉2g 藏红花少许
素鲍鱼汁2ml 香油2ml

步骤

1. 将内酯豆腐、胡萝卜、秋耳、生菜分别切丝；将香菜切末。
2. 熬煮小米30分钟，过滤小米，留出浆汁。
3. 将小米汁倒入炒锅煮开，放入胡萝卜丝、秋耳丝煮3分钟，放少许盐、素鲍鱼汁。最后加生粉40g勾芡，关火待用。
4. 倒入豆腐丝，用勺底慢慢转圈，转匀，然后放生菜丝、香菜末，放少许香油。
5. 将汤盛到碗中，用筷子按照一个方向搅拌，直至各种丝呈现一个圆，放入藏红花点缀，即可食用。

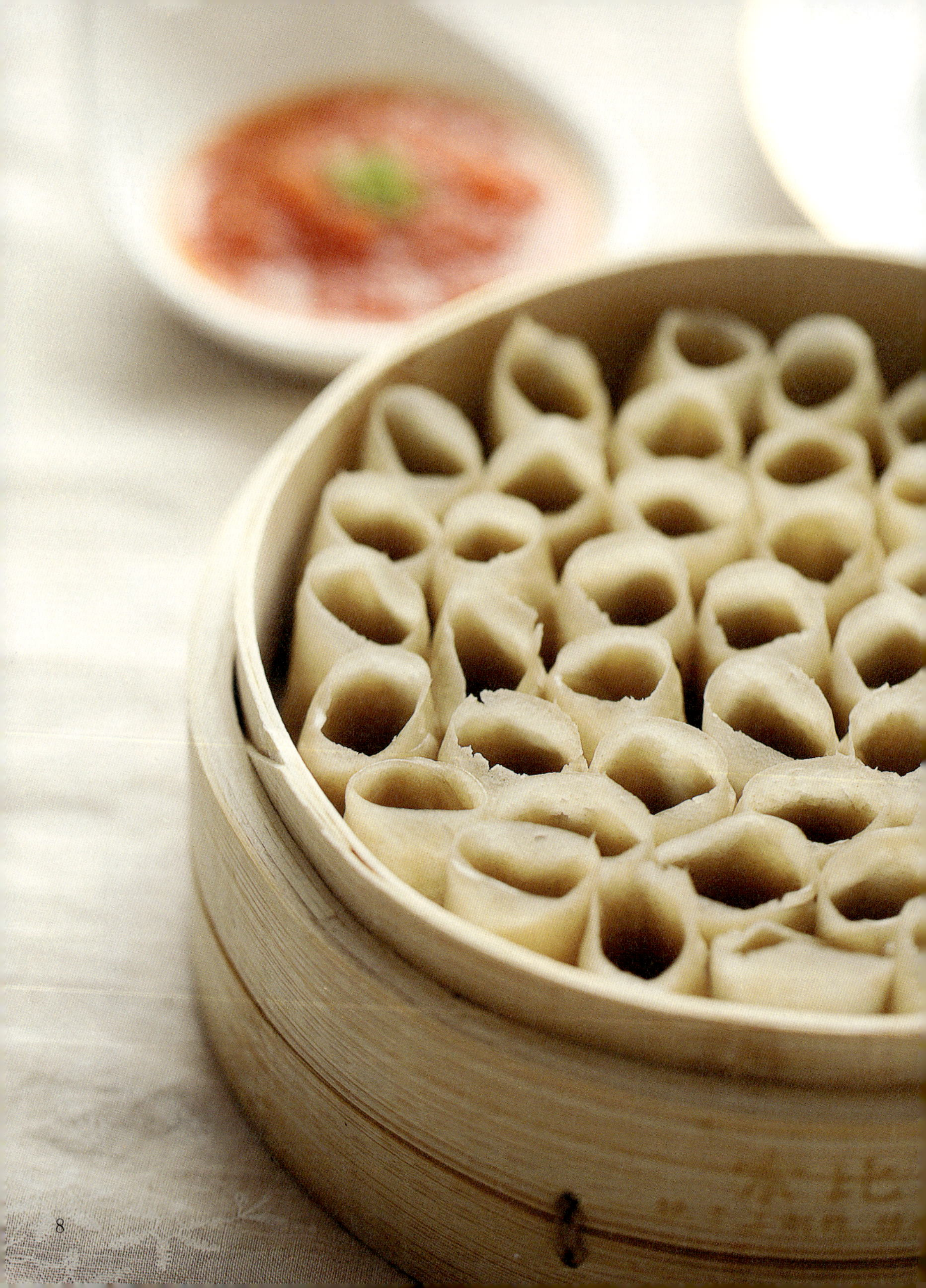

莜面栲栳栳

食材 / 12人份

莜面100g　沸水100ml

步骤

1. 将沸水倒入莜面，边倒水边搅拌，保持面团热度。
2. 将面团均匀分成每个4g的面剂子，揉圆，压扁，用手掌轻轻推，使得面团成薄薄一层，小心揭起后用食指将面片卷成一个小卷，放到笼屉。
3. 将卷好的栲栳栳上蒸锅蒸6分钟，即可食用。（栲栳栳可以炒，也可以蘸番茄酱食用。）

10

荞面碗托

食材 / 12人份 25g/人

莜面100g 荞面100g 高筋面粉100g
沸水100ml 纯净水500ml

辅料 1人份
姜末0.5g 红椒圈1个 花生碎2g
生粉2g 盐3g 黄瓜丝6g 芝麻酱适量
香油适量 纯净水6ml 酱油24ml
素蚝油12ml 醋15ml 八角2个
花椒少许

步骤

制作荞面碗托

1. 荞面、高筋面粉混合水80ml，通过揉、抻的方法揉搓20分钟，将面团揉筋道，和成硬面团。再缓缓加水稀释，按照顺时针方向搅拌，直到剩余420ml水全部加入，面团变成面糊状即可。

2. 平底小碟子上抹植物油，将面糊倒入，蒸8分钟，晾凉后用刀划边，取出待用。

3. 将制好的卤汁浇到荞面上，浇少许芝麻酱，撒黄瓜丝、红椒圈、花生碎，即可。

制作配料

1. 花椒水：将八角放入锅中干炒，再放花椒，炒香后倒入沸水，煮5分钟后倒出待用。

2. 花生碎：植物油炸花生米，去皮，切成花生碎。

3. 卤汁：锅中倒植物油，放姜末，炒香后倒入酱油、素蚝油爆香，再依次倒入花椒、八角水，纯净水、醋少许，勾芡，出锅前放香油。

4. 芝麻酱：浓芝麻酱倒入碗中，加适量香油，搅拌均匀，再放入少许纯净水拌匀，加盐、酱油即可。

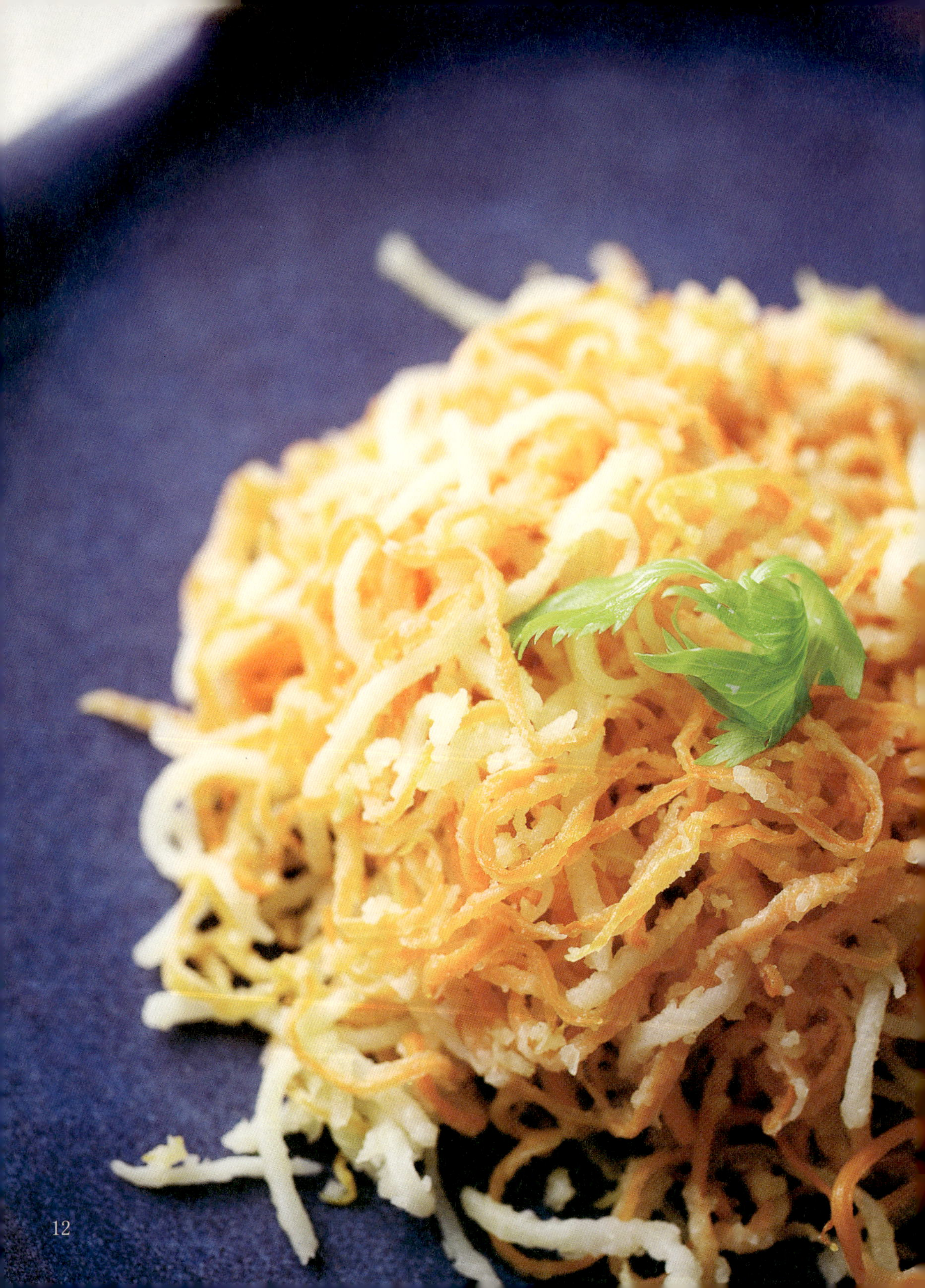

素拌子

食材 / 12人份

土豆100g　胡萝卜200g　面粉35g　澄粉90g

辅料

八角1g　花椒1g　香叶2片　干红辣椒1个
姜丝3g　香菜少许　盐2g　香油2ml　酱油2ml

步骤

1. 将胡萝卜擦丝，加少许盐腌制1分钟，挤去水分后将香油滴入，搅拌均匀。

2. 土豆擦丝，用纯净水冲洗，洗去淀粉，控干水待用。

3. 将澄粉60g、面粉20g倒入备好的胡萝卜丝中拌匀待用。

4. 将澄粉30g、面粉15g倒入土豆丝中拌匀待用。

5. 将备好的胡萝卜丝上锅蒸7分钟，土豆丝上锅蒸10分钟，然后出锅、晾凉、打散。

6. 将植物油、干红辣椒（剪碎）、花椒和八角倒入锅后开火炒香，然后捞出所有调料，放入姜丝继续炒香，随后倒入晾凉的食材，用锅㧟炒3~5分钟，加入酱油、盐适量，翻炒均匀，即可。

14

金玉米糕

食材 / 12人份

江米100g 大黄米100g 豆沙60g
蔓越莓干和葡萄干适量

步骤

1. 提前将江米、大黄米泡12小时以上。
2. 将泡好的江米、大黄米沥水捞出,分层蒸,约40分钟。
3. 将蒸好的江米和大黄米分别加白糖搅拌,然后把一层江米摊平,再叠摊一层大黄米,最好在两层米之间夹一层豆沙,口感更好。
4. 将米摊好后,把蔓越莓干、葡萄干摆在最上层,用保鲜膜封好待用。
5. 冷却后,用刀切块,即可。

制作豆沙馅

1. 红豆加适量碱面,蒸或煮至软烂,去水。
2. 红枣煮至软烂,去水、去核。
3. 将红豆与枣混合在一起,搅拌成泥,加适量红糖即可。

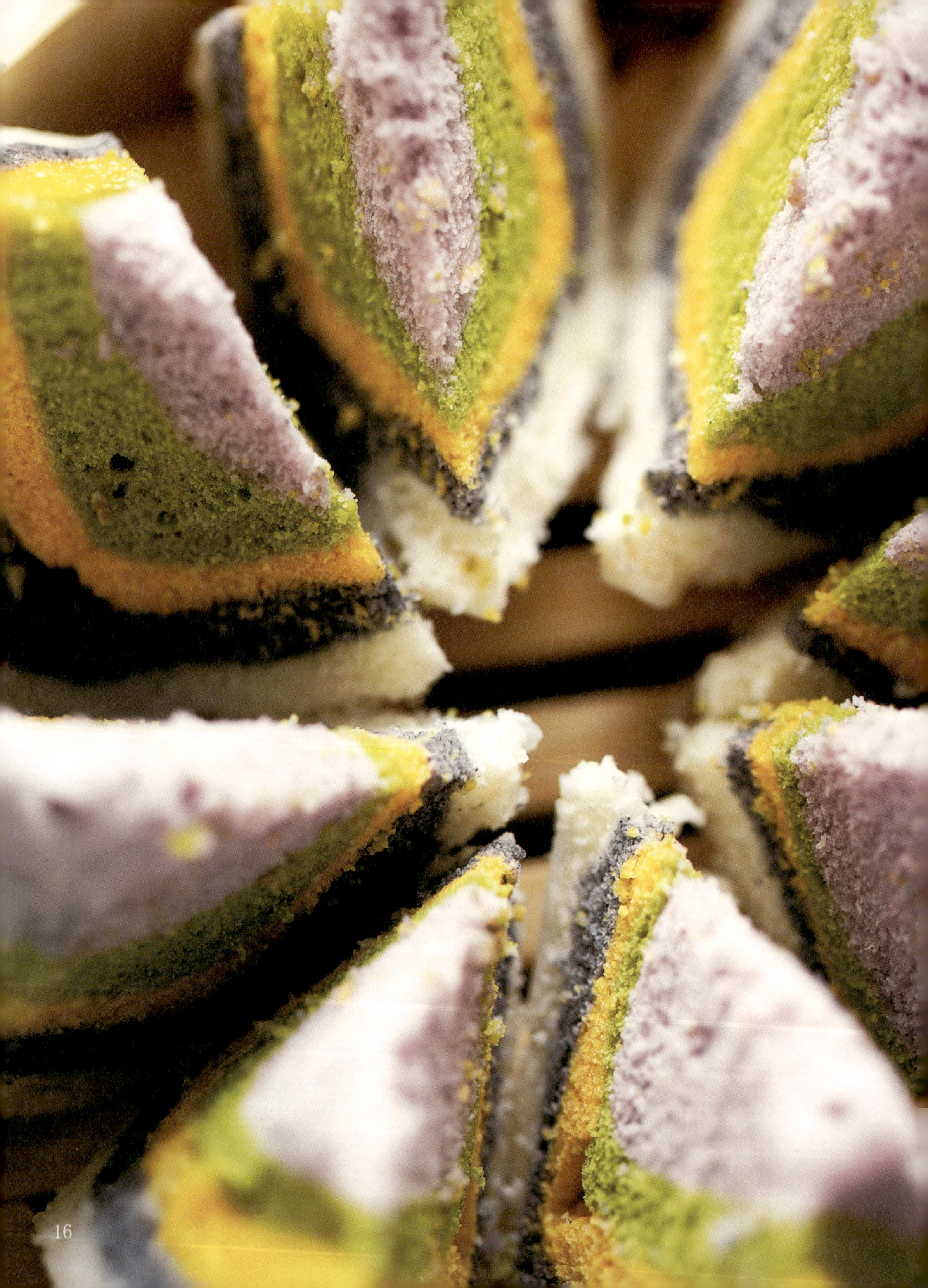

五彩馒头

食材 / 12人份

白面265g 玉米面20g 黑米面15g 菠菜15g
南瓜泥30g 紫薯泥10g 酵母粉3g

步骤

1. 白色面团：将白面100g、酵母粉1g、温水50g搅匀和面，和好后用保鲜膜包好，发20~40分钟。

2. 黑色面团：将白面65g、黑米面15g、酵母粉0.8g、温水40g搅匀和面，和好后用保鲜膜包好，发20~40分钟。

3. 黄色面团：将白面40g、玉米面20g、酵母粉0.6g，跟南瓜泥30g揉和，再一点点加水搅匀和面，和好后用保鲜膜包好，发40~80分钟。

4. 绿色面团：将菠菜叶15g、水20g放入料理机打汁。然后将白面40g、酵母粉0.4g、打好的菠菜汁20g搅匀和面，和好后用保鲜膜包好，发20~40分钟。

5. 紫色面团：将白面20g、酵母粉0.2g，跟紫薯泥10g混合后，一点一点加入水搅匀和面，和好后用保鲜膜包好，发20~40分钟。

6. 所有发好的面一分为二，分成小剂子后醒发10分钟。

7. 将各色面团（从里向外是紫薯面、菠菜面、玉米面、黑米面、白面）逐层包好，包时第1、2层用包包子手法，后面几层用包四角手法，然后收底部。每层擀片时尽量擀小些，这样容易包紧些，有整体感。（收口时从里向外，底部都朝向同一个方向。）

8. 包好后，用刀在馒头顶部划个十字，划至菠菜层即可，划口不宜太深太大，否则容易开花不均匀。然后上锅蒸30分钟即可。

18

大烩菜

食材 / 12人份

土豆150g　南瓜150g　胡萝卜40g　海带40g
玉米100g　宽粉条120g　素丸子12g
豆腐250g　桃仁少许　香菜少许

调料

花椒2g　八角2个　盐2g　酱油2ml
植物油2ml

素丸子食材

豆腐400g（选较硬的北豆腐）　胡萝卜300g
香菇280g　姜末20g　生粉60g　面粉50g
盐少许　酱油15ml　素蚝油15ml

步骤

1. 花椒、八角入锅炒干捞出。
2. 锅内放植物油，小火放入花椒煸香，再放八角。
3. 放入土豆翻炒，加入姜末、南瓜、胡萝卜炒一会儿，放酱油、盐，入味后加热水，随后放其他食材（粉条、素丸子、香菜除外）。粉条稍微晚点放，快熟时放素丸子，香菜粒最后点缀即可。

制作素丸子

1. 将食材切小颗粒搅拌混合均匀，揉成小圆球状待用。
2. 起油锅，加热至六七成，放入丸子炸至焦黄捞出。

善 食

一番烹煮，几多领会，所谓世间名利之迭荡，并非大事，虽然日间饮食之烦琐，亦非小事，入口之食，却可成入心之径。

善者善为，巧思细做，诚心正意，感人至深。何为善？善长于你的善良，当为真善。

善闻万物之真，善观万事之实，善察万绪之微，善解万相之乱，善言万世之理，方为至善。

川宴

高山流水

巴蜀榆耳

麻婆豆腐

藤椒串串

茶香萝卜

梅干菜扣豆腐

秋·栗

红糖锅盔

腌制圣女果

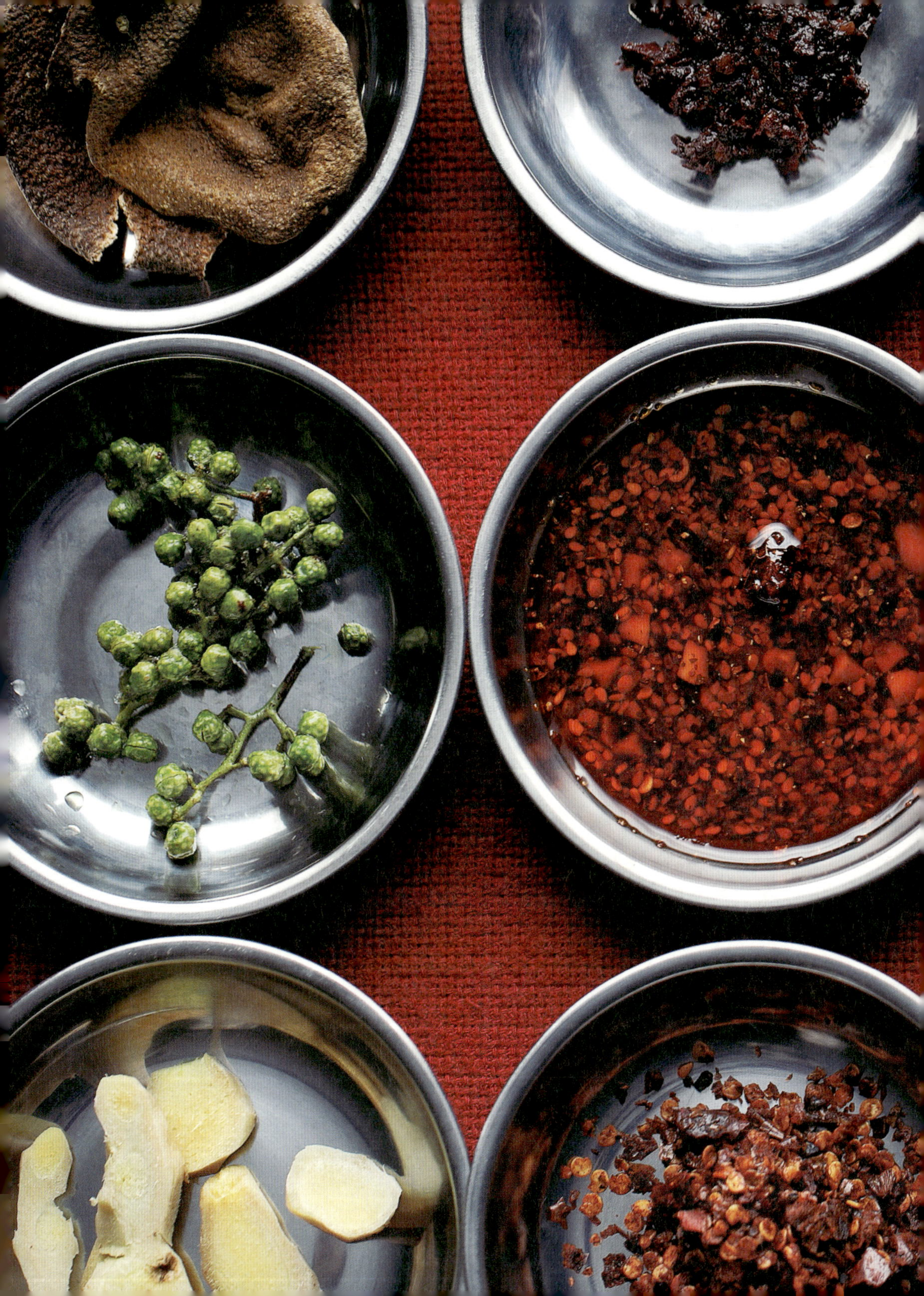

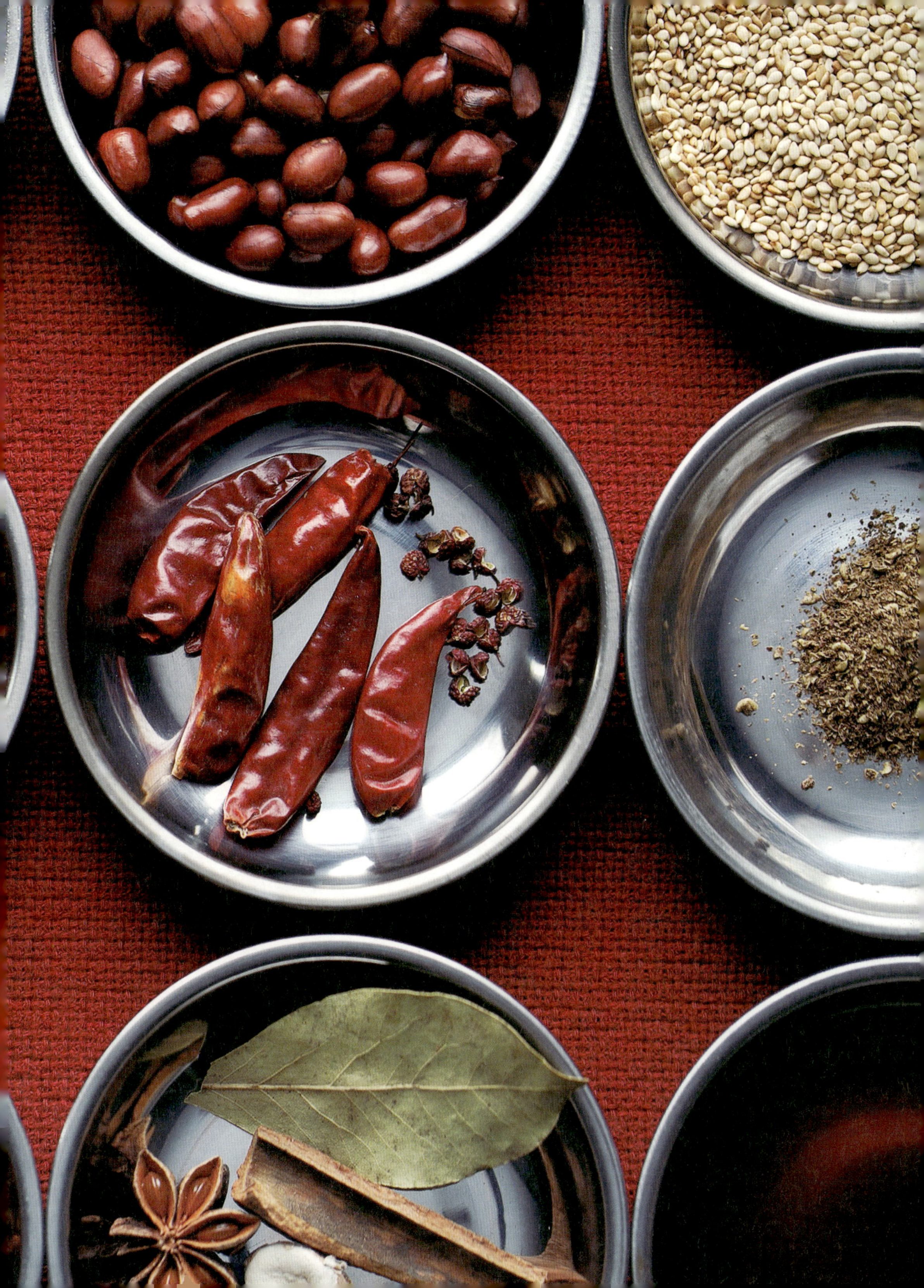

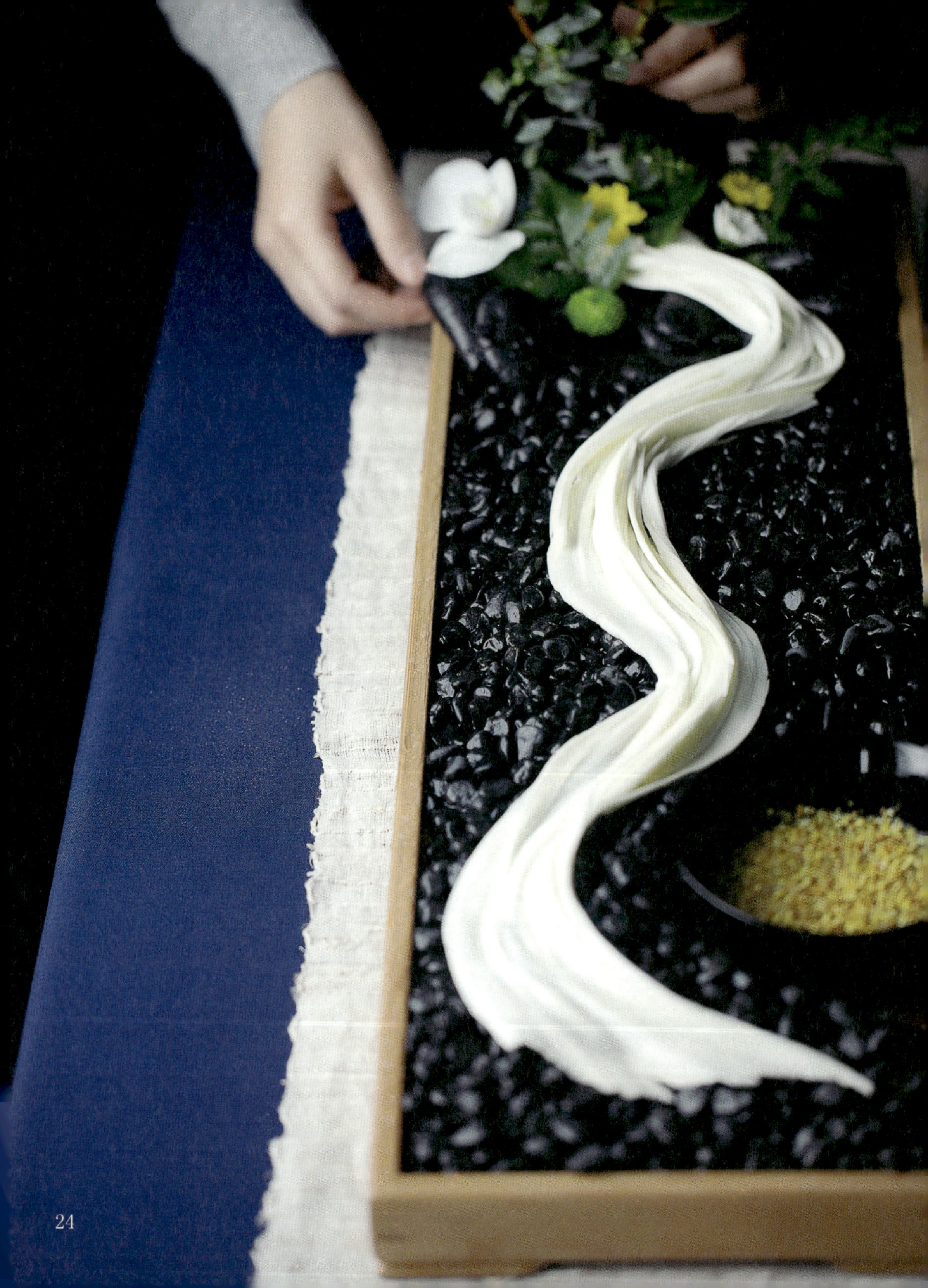

高山流水

食材 / 12人份

铁棍山药250g（选较粗一些的山药）
芥末1.5g 干桂花1.5g 梅子酱30g
温水70ml

步 骤

1. 山药去皮刨丝。
2. 将山药丝圈成环状。
3. 梅子酱、芥末依次倒入温水中调匀，做成酱汁。
4. 将酱汁淋在山药丝上，即可。

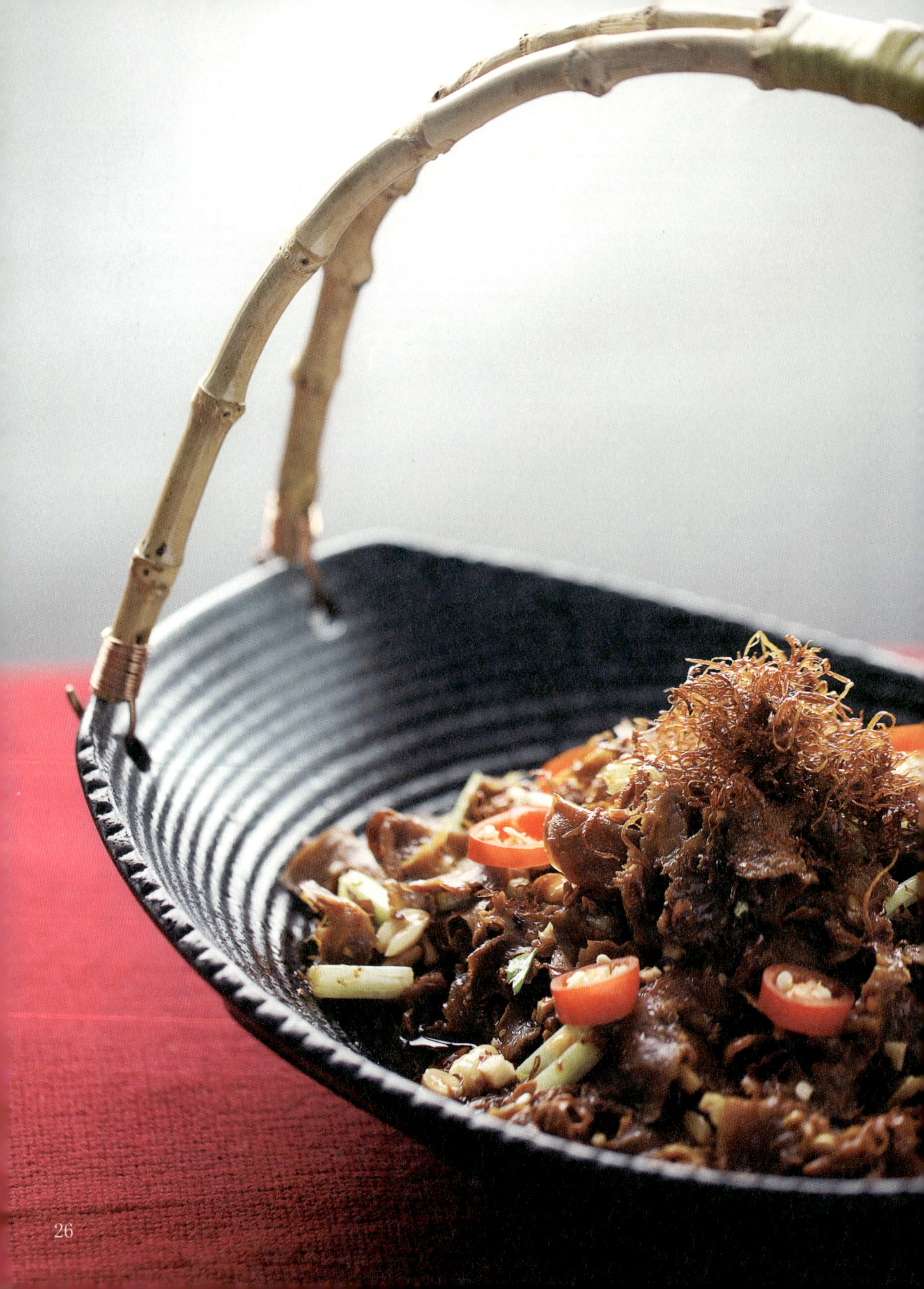

巴蜀榆耳

食材 / 12人份

干榆耳70g　芹菜60g　杏鲍菇150g
酥花生70g

调料

八角1颗　香叶1片　甘草1片　桂皮1小片
白砂糖10g　酱油50ml　藤椒油15ml
熟油辣子10ml　五香油10ml　菜籽油60ml

步骤

1. 提前一晚将干榆耳泡发，切片。开水中放入八角、香叶、甘草、桂皮，将榆耳煮熟，捞起待用。
2. 将杏鲍菇洗净，切丝，待用。
3. 将备好的酱油、藤椒油、熟油辣子、五香油、白砂糖、芹菜依次倒入备好的榆耳中拌匀入味。
4. 将生菜籽油倒入锅内大火烧熟至冒烟，所有黄沫都消失，关火待油温冷却至180℃时，将火调至中火偏小，倒入杏鲍菇丝翻炒，炒制过程中油温保持在约90℃，炒10分钟左右。
5. 用筷子夹出一些细长形状好的杏鲍菇丝摆盘，其余趁热油一起倒入榆耳中拌匀，加入花生米（在此环节加花生米是为了保持花生的脆度），装盘，再把挑出的丝摆在榆耳上（也可放红椒圈装饰）即可。

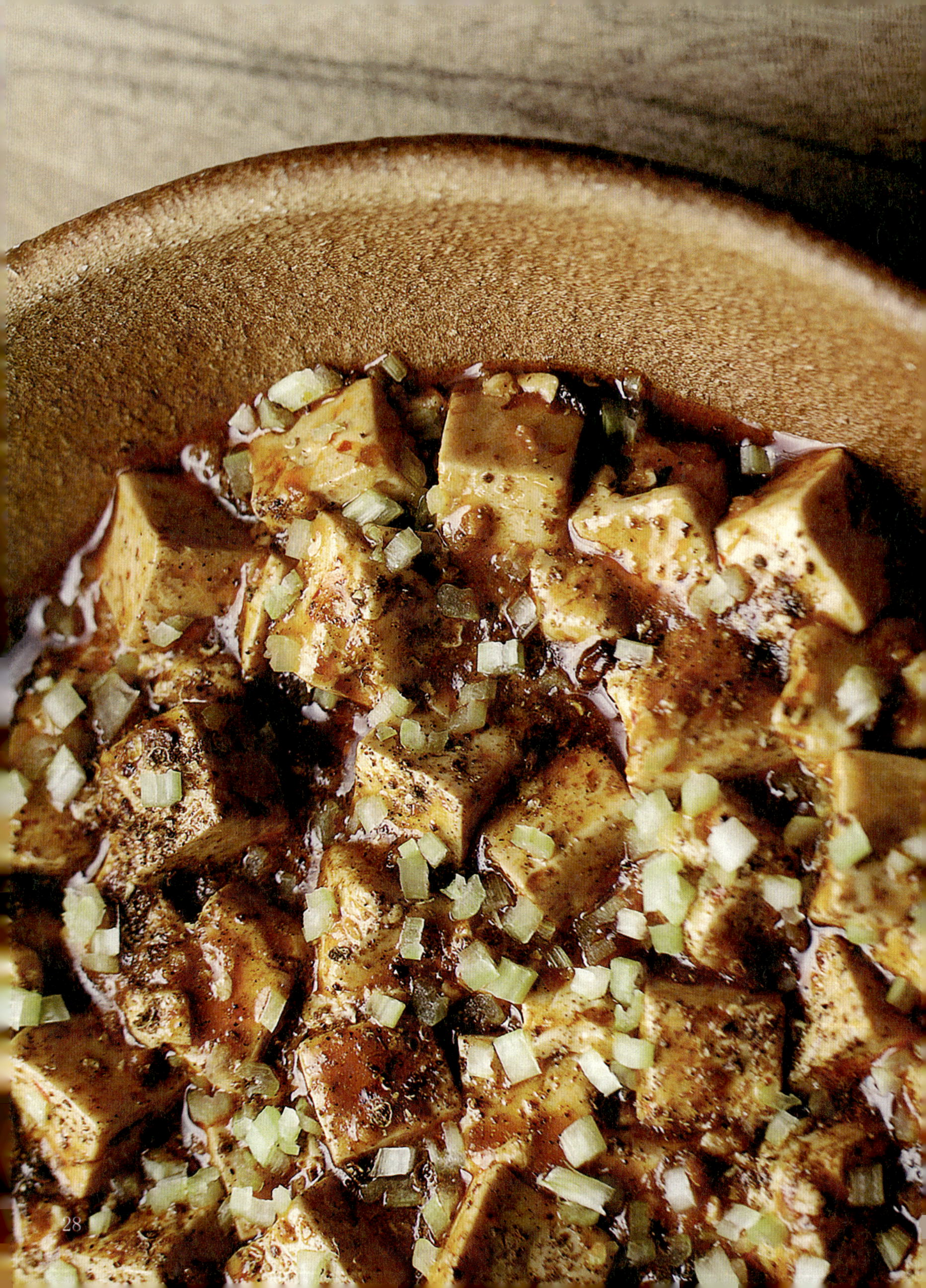

麻婆豆腐

食材 / 12人份

干香菇5g　豆腐800g　干大豆蛋白7g

配料

姜末5g　芹菜粒20g　花椒粉1g　胡辣子4g
豆瓣酱20g　白糖3g　盐3g　豆粉10g
菜籽油35ml　酱油25ml　老红油30ml
老抽10ml　纯净水100ml

步骤

准备食材

1. 干香菇泡发两小时后切成0.3cm×0.3cm丁状待用。豆腐切成2cm×2cm后放入凉水中待用。
2. 大豆蛋白冷水浸泡20分钟后切成0.3cm×0.3cm的丁，姜不去皮切成细末，芹菜杆切成0.5cm×0.5cm的丁，豆瓣切成细茸，豆粉10g加纯净水100ml调成芡汁待用。
3. 菜籽油35ml，大火炼至所有白沫消失冒烟即可。

制作半成品

1. 用沸水焯豆腐3分钟（水量需没过豆腐），过程中放盐、老抽。焯好后倒掉一半水，留一半与豆腐在一起，保持豆腐的温度。
2. 将大豆蛋白水挤干，锅内倒入熟菜籽油25ml，150℃油温大火炒大豆蛋白约1分钟，至金黄香味溢出，捞出所有大豆蛋白后再将油倒回锅内。
3. 香菇挤干水，煸炒，捞出，油继续留在锅内。

炒制

1. 锅内再倒入熟菜籽油10ml烧至100℃，中火加入姜末炒香(10秒)，倒入豆瓣酱炒香(20秒)。
2. 依次加入胡辣子、老红油、滤干水后的豆腐、白糖1.5g、酱油15ml、纯净水50ml，保持中火，搅拌20秒左右；下豆腐后，用锅铲背推动，避免搅碎豆腐。
3. 中火烧豆腐2分钟后，倒入炒好的大豆蛋白与香菇，最后1分钟时，分三次倒入芡汁，每次推动一下锅铲搅拌均匀，倒入芡汁时小火，最后大火收汁，即可起锅。
4. 趁热撒上花椒粉与芹菜粒即可。

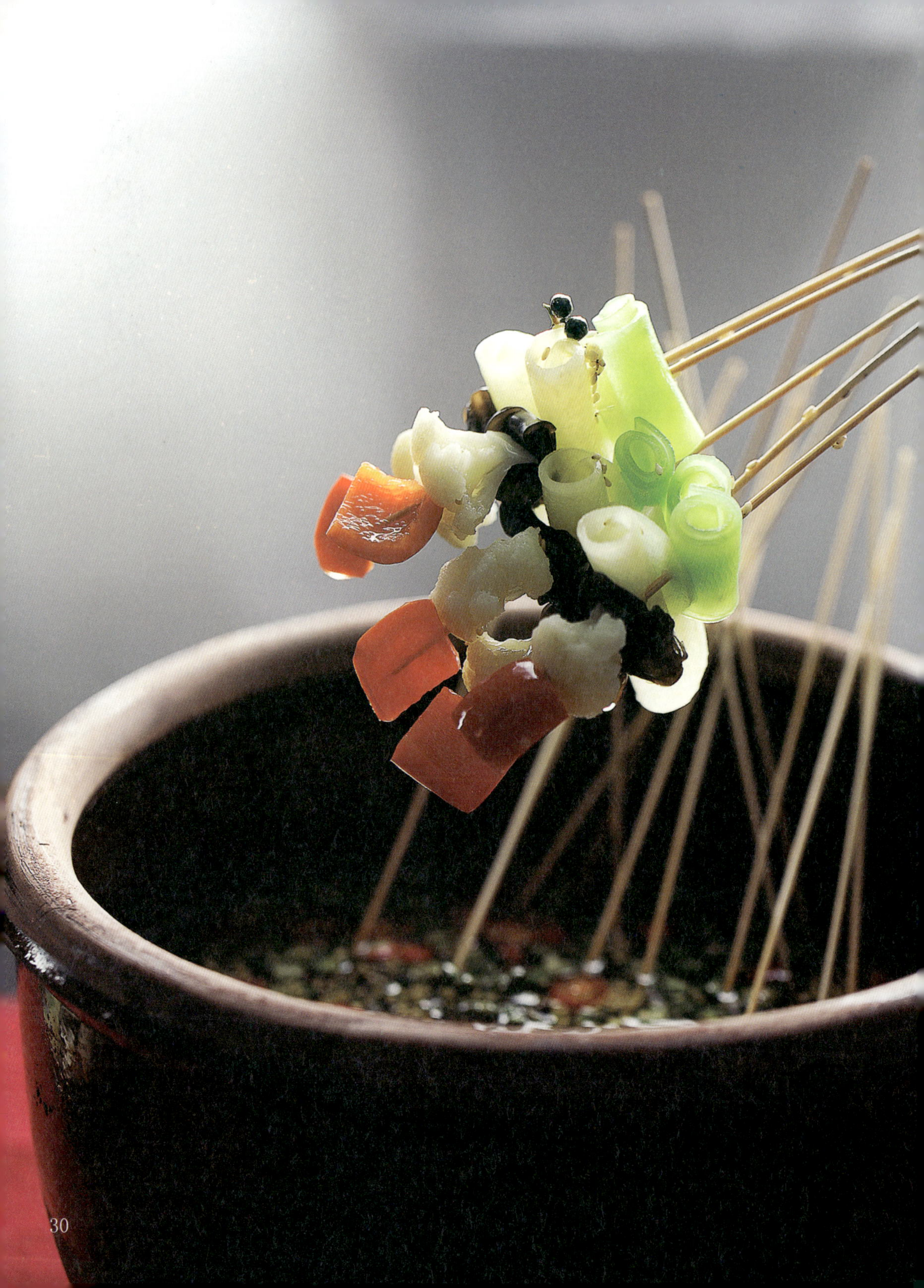

藤椒串串

食材 / 12人份

汤底
纯净水4L　玉米约200g　白萝卜300g
胡萝卜200g　盐8g　糖12g　昆布粉2g

食材
莴笋120g　土豆210g　红甜椒60g　花菜150g
木耳30朵

调味料
盐40g　白砂糖40g　昆布粉1g　新鲜青花椒40g
芝麻15g　新鲜二荆条9.8g　新鲜泡辣椒2.8g
八角2颗　藤椒油15ml　玉米油40ml　花椒油5ml
酱油6ml

步骤

准备食材

1. 左手按住莴笋一头,右手用刮片刀缓缓向右刮拉出长9cm、厚0.2cm的薄片,刮30片待用。
2. 把刮好的莴笋平分成3段,每段约3cm,土豆切成长7.5cm、宽4cm、厚0.2cm的薄片,切30片待用。
3. 红甜椒切长、宽各2cm的小方块,切30块;花菜切30小朵,长3cm,食材泡水待用。

制作串串

1. 锅内加入纯净水1L,冷水放入八角2颗。
2. 大火煮开,3分钟后捞出八角,分别将食材焯水后,捞出待用(过水时间:土豆50秒、莴笋40秒、红甜椒40秒、木耳90秒、花菜90秒)。
3. 将各种菜串成串串,从下至上依次为:莴笋、土豆、木耳、花菜、红椒。(焯过的菜需要过两次纯净水冷却,以保证色泽,稳固脆爽口感。)

制作汤底

1. 将汤底所有食材放入锅内,用大火煮开,调至中火熬半小时。
2. 在器皿中加入3L熬好的高汤,同时加入调味料,均匀搅拌至融合后,放入串好的蔬菜,共30串。
3. 炒锅加热,放入玉米油,大火烧至200℃。下青花椒炒香,淋入高汤中,最后撒上芝麻即可。

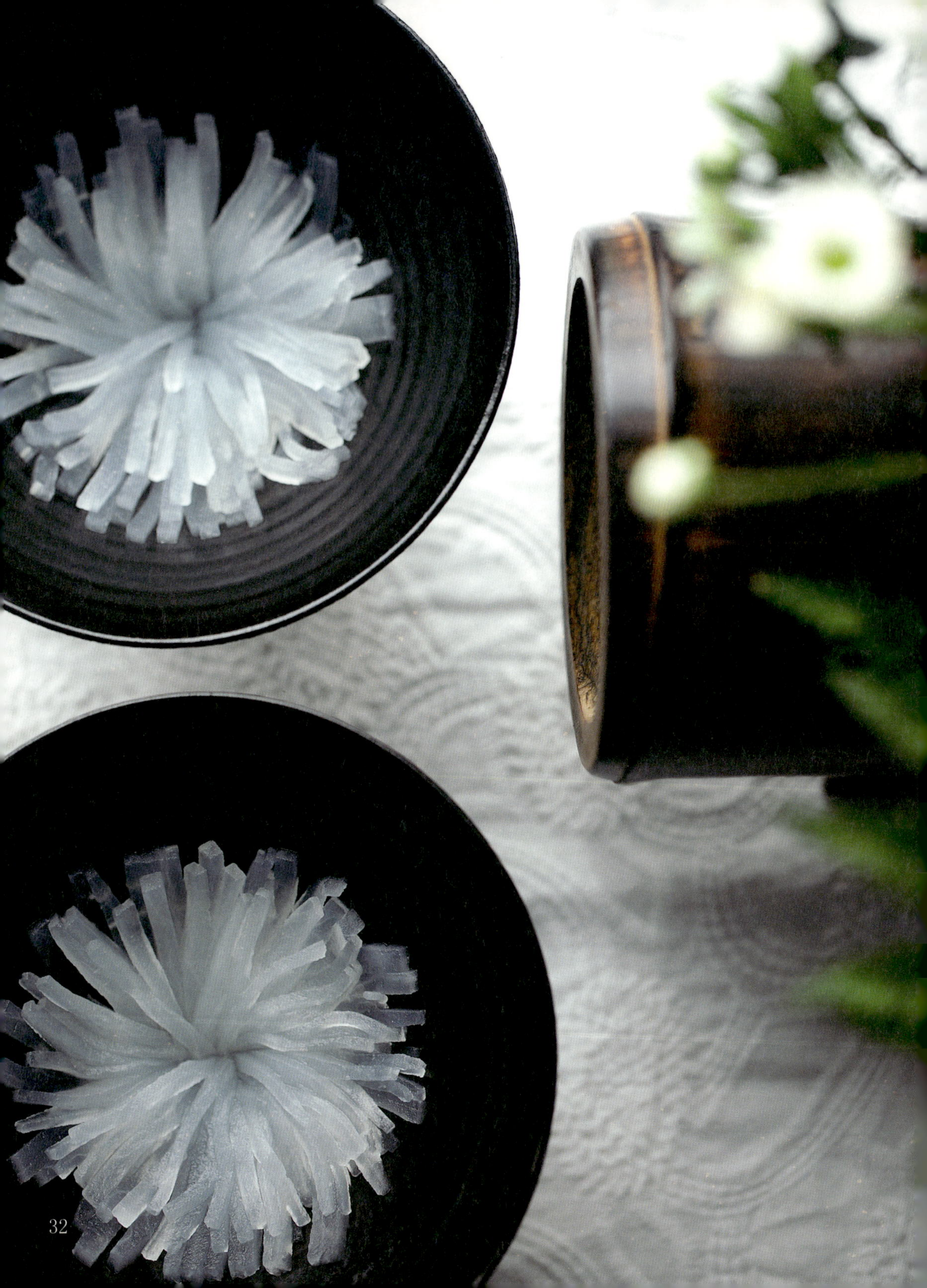

茶香萝卜

食材 / 12人份

白萝卜2根（长22cm、宽7.5cm）
阿里山高山茶5g 安吉白茶
纯净水1.6L 盐少许

步骤

1. 萝卜去皮。用刀切去四边半圆形，萝卜正面成4cm×3cm的方形。

2. 切菊花萝卜。准备筷子（高度约0.25cm）一双，切萝卜时放于萝卜两侧，以免将萝卜切断，切好的细丝成小方块状，长、宽各约0.1cm，横纵向均匀切约13刀。

3. 熬制底汤。锅内倒入纯净水，加盐，再放入萝卜边角料，加盖大火煮开，熬煮30分钟。

4. 熬好后捞出边角余料，底汤留锅内备用。菊花萝卜入锅煮熟（注意从锅侧面下），加盖熬制10分钟后加入白茶适量。

5. 高山茶5g，用100°C沸水泡开即可。

6. 菊花萝卜煮好，用筷子轻缓地将菊花萝卜盛出，每份加入底汤50ml，用筷子将菊花萝卜整理成菊花形状，倒入泡好的高山茶20ml。

7. 摆放两粒安吉白茶作为点缀即可。

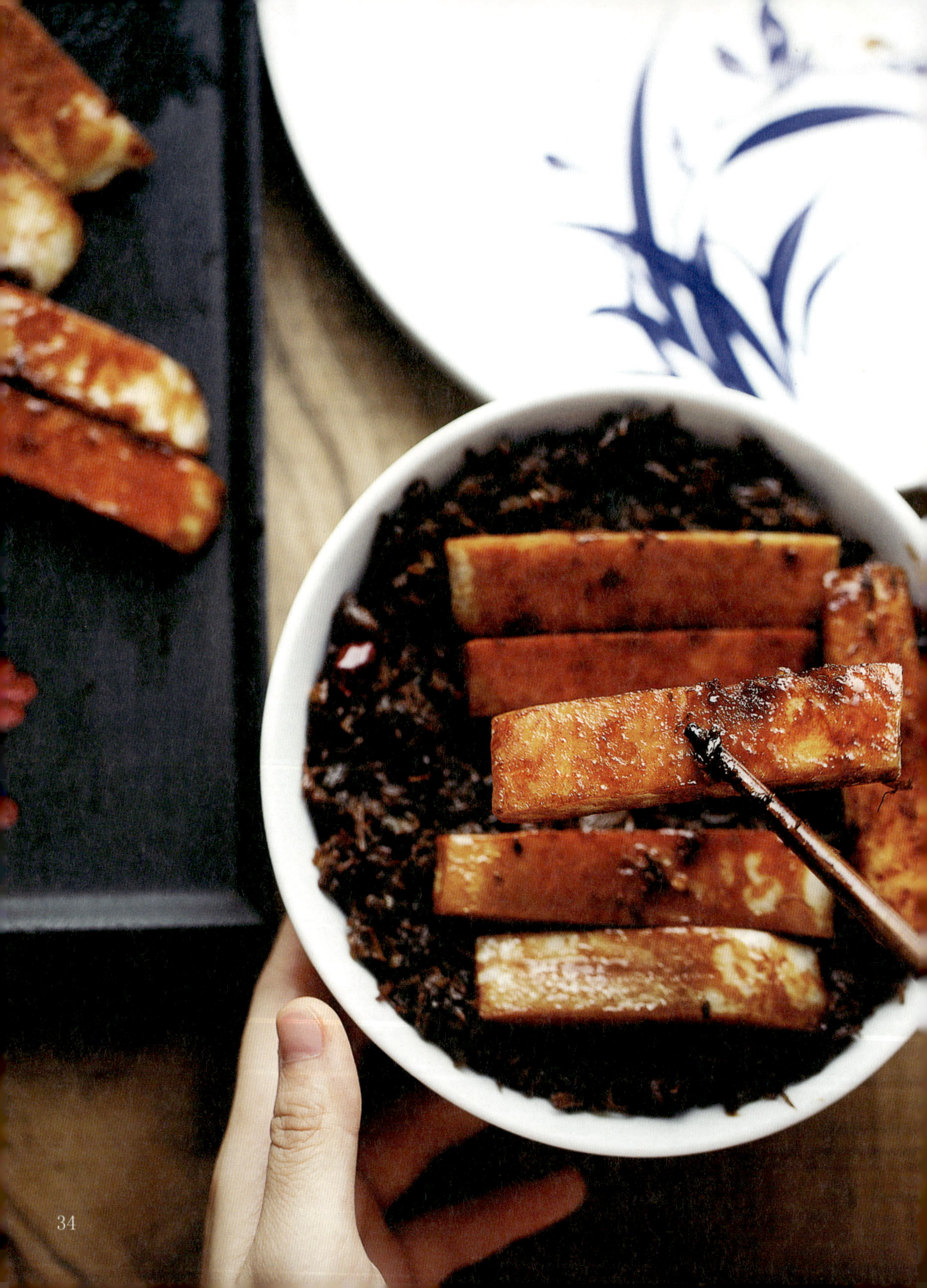

梅干菜扣豆腐

食材 / 12人份

梅干菜80g　烟熏豆干200g

配料

老姜7g　冰糖15g　干辣椒1.5g
干花椒20颗　桂皮小片　八角1颗
香叶1～2片　山奈1颗　豆蔻1颗
玉米油100ml　老抽6ml　酱油30ml

步骤

准备食材

1. 泡发梅干菜30分钟，洗、沥三次，切碎至米粒大小。
2. 烟熏豆干，两片整齐重叠切成大小基本相同，约3cm×3.5cm的小方块。
3. 大块状冰糖先用纱布包好，左手拎住四角固定，右手用擀面杖敲碎，便于炒糖时融化。
4. 八角、山奈、桂皮、豆蔻、香叶盛在容器内备用，干辣椒剪成1cm段去籽。

炒制

1. 热锅，倒入玉米油，大火烧油，190℃左右下姜片，炒至姜片微缩，边缘金黄。
2. 下八角、桂皮、山奈、豆蔻、香叶，用铲子慢慢翻动香料，炒制约3分钟，温度保持在150℃左右。
3. 炒制香料微黄，香味出来时，下切好的豆干入油锅，每次只放8片，共分两次放完，油炸时温度控制在140℃～150℃之间，当豆干冒泡蓬起时用筷子翻面，两面蓬松金黄，夹起待用。

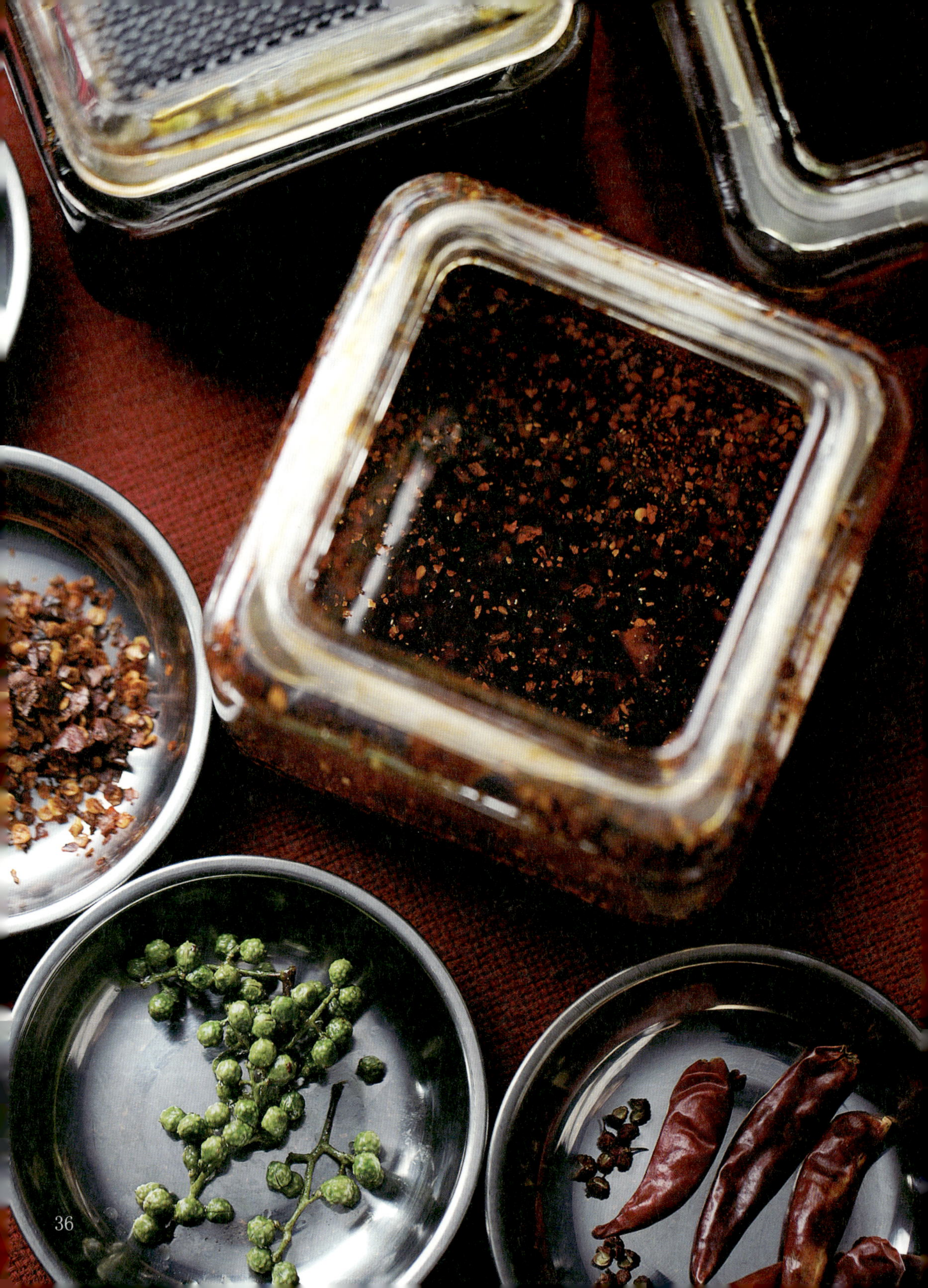

4. 锅里的植物油留10ml左右，其余植物油及香料倒入碗中，待用。

5. 将冰糖放入锅内，微火慢慢翻动炒糖，变成焦糖色时，会冒出很多小泡，气泡一起，马上炒锅离火，再快速放入炸好的豆腐干翻炒，挂色微微均匀，倒入酱油20ml和老抽。

6. 开小火升温，倒入花椒和辣椒粒翻炒，约30秒，辣椒颜色由红变黑，豆干微香均匀着色后，关火，夹起待用。

7. 将之前炒好的香料及熟油倒入锅内，加酱油10ml，开小火，打圈匀热(避免糖焦，温度不宜过高)。

8. 油温约100℃时倒入梅干菜，中火翻炒约30秒，转小火慢炒30秒，炒至微微出香味，关火。用筷子从梅干菜中挑选出八角、桂皮、山奈、豆蔻、香叶等香料，避免在蒸的过程中香味过浓或不均匀。

蒸制

1. 在碗底中间把四片豆干摆成正方，再整齐地一边摆两片，最后四片整齐叠加摆在中间的四片上面。把炒好的梅干菜盛入碗内，整平，稍压，达到和碗口一样平整的高度。

2. 备蒸锅，待水烧开，将碗放入蒸锅中，蒸40分钟，关火，静置2分钟。(可在炸完豆干后，就开始准备蒸锅烧水。)

3. 将盘子扣到蒸碗上，快速翻碗，平置盘面，将食材倒扣到盘子里即可。

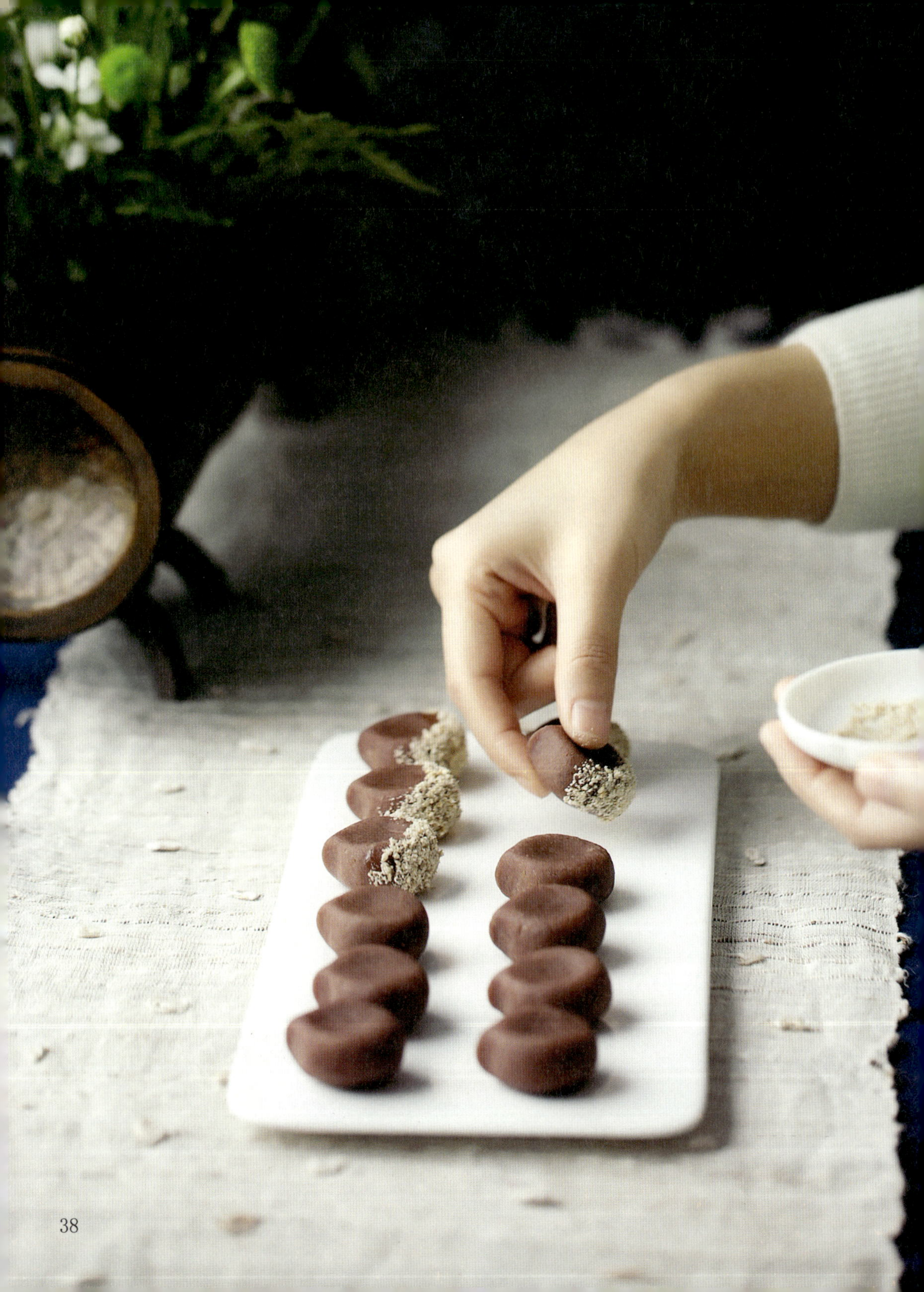

秋·栗

食材 / 12人份

去壳板栗200g 红豆沙250g 澄粉10g
糯米粉2.5g 红薯粉2g 芝麻10g
酱油5ml

步骤

1. 将红豆沙与澄粉、糯米粉、红薯粉搅拌均匀，按压过筛。

2. 将拌匀的红豆沙掰成小块，与板栗一起放在屉布上蒸30分钟。（选用屉布可以自然滤出多余水分。）

3. 将白芝麻放在无油的锅中，开火焙香，微微变黄，待香味溢出即可。冷却后，用料理机打成粉状。

4. 将蒸好的板栗用袋子装起来取擀面杖压碎，再用筛子筛成细腻的板栗泥。

5. 将板栗泥与红豆沙混合，加酱油搅拌均匀，包成栗子的样子（10g/个），再粘上芝麻粉，即可。

贴士

在包栗子形状时取少许无味茶籽油放在一旁，用手指蘸取一些油，涂抹在板栗红豆泥上，便于粘住芝麻粉。

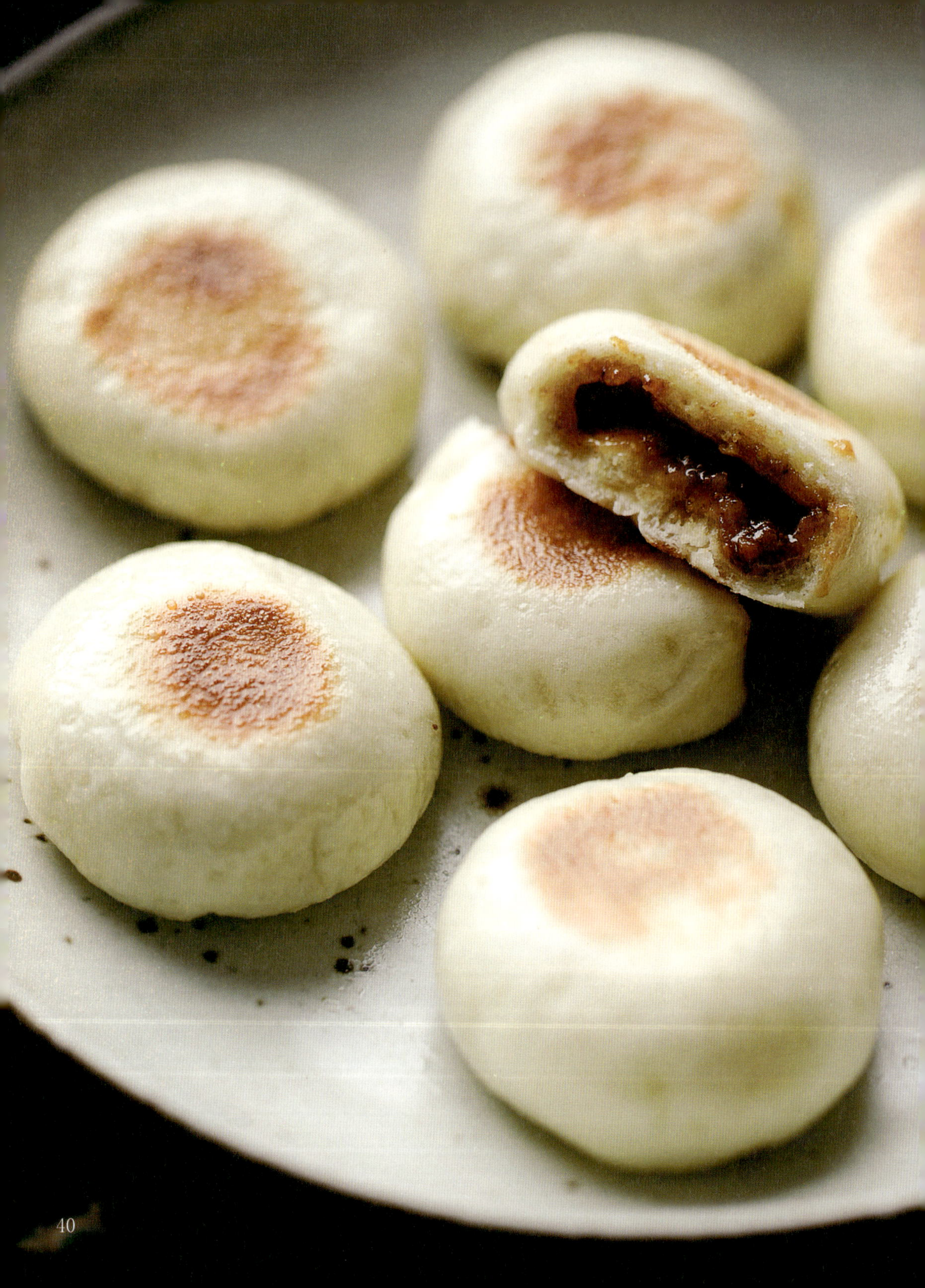

红糖锅盔

食材 / 12人份

面皮
面粉250g　酵母3g　白糖15g　苏打粉0.2g
温水120ml（40℃）

馅料
红糖150g　陈皮8g　白芝麻40g　面粉10g
玉米油20ml

步骤

1. 发面：倒出一半温水，与酵母搅拌均匀后，倒入盛有面粉的大盆中。将白糖放入剩余温水中搅拌融化，倒入大盆中。随后加入苏打粉，将面粉与水搅拌均匀。（和面时先呈絮状，一边搅匀一边将手指间粘住的面粉刮净，清理盆壁，做到面光、盆光、手光。）

2. 均匀揉捏至面团表面光滑后，用盖子或者湿布盖在盆上。让面团发酵35~40分钟（视温度而定），待面团发酵至2倍大。

3. 可用手指按压检查发酵情况，手指在面团上按一个洞，面团不再弹起即可。

4. 将陈皮和炒香的白芝麻用料理机打碎，炒锅中倒入玉米油，放入红糖，加入陈皮与芝麻碎，小火炒匀出香味。（避免过度翻搅，否则会呈麦芽糖状。）

5. 将发好的面团取出，像搓衣服一样揉搓几下排气，将面团分割成20g一个的剂子，炒好的红糖馅分为9g一个的小团，搓成小球后压扁。（红糖要保持温热，否则会因过硬而不易塑形。）

6. 用类似包包子的方式将红糖馅包入面团中，面团厚薄要均匀，合口处收紧，避免红糖溢出。将准备好的干面粉10g均匀撒在硅胶垫上，放置包好的锅盔，避免粘黏。

7. 包好的锅盔静置10分钟，二次发酵，至面团按一个洞不再弹起即可。

8. 水开后上火蒸7分钟，待冷却后，用玉米油小火煎至双面微黄即可。

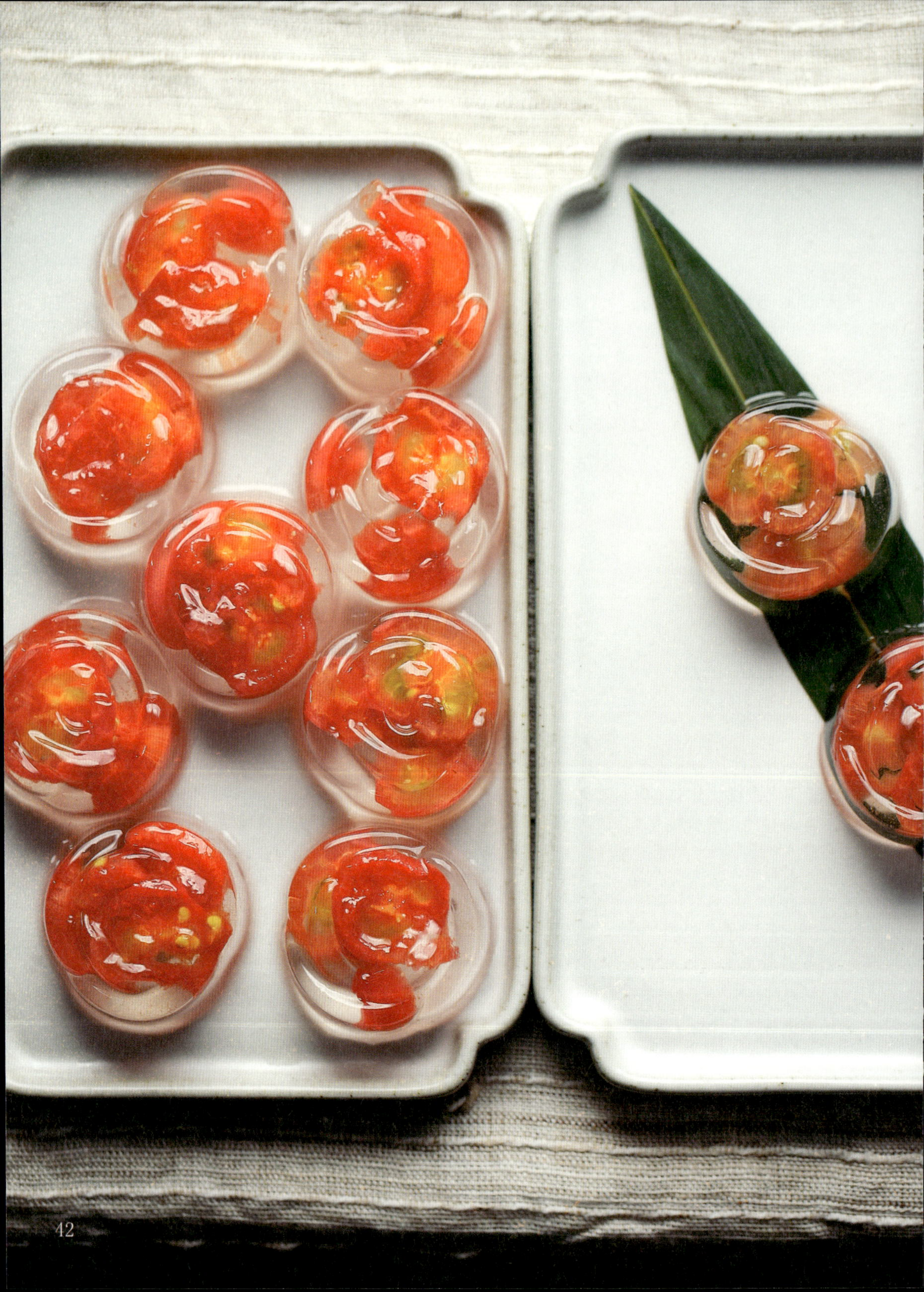

腌制圣女果

食材 / 12人份

圣女果
圣女果500g（选取长3cm、直径1.5cm左右的小圣女果） 柠檬片50g 黄冰糖200g 话梅粉30g 纯净水1L

果冻
白糖30g 寒天粉5g 纯净水600ml

步骤

制作圣女果

1. 准备一口小锅，倒入纯净水，放入黄冰糖大火煮开，调至中火熬煮至冰糖融化完，再加入话梅粉搅拌均匀，放置在一旁冷却至常温（一定要等待话梅水完全冷却，否则去皮圣女果遇热后会边缘呈粉状融化）。
2. 将黄柠檬去头尾部分，切成0.2cm的薄片，待用。
3. 将圣女果尾部用小刀轻轻划一刀后，放入滚水中焯水2分钟，捞起圣女果迅速放入凉水中冷却去皮。
4. 将去皮后的圣女果滤干水分，倒入之前冷却的糖汁中，放上柠檬片，用保鲜膜密封，冷藏浸泡6小时后即可。

制作果冻

1. 将泡好的圣女果取出，切片放入果冻模具中。
2. 冷锅倒入准备好的纯净水、白糖与寒天粉搅拌均匀，大火烧开，1分钟后关火。
3. 待温度冷却到60℃时，将液体倒入装有圣女果的模具中。
4. 将磨具放入冰箱冷藏至凝固即可。

和，一番

每一样食材都珍惜，
每一步工序都恭谨，
每一道出品都礼敬，
每一次取食都感恩，
每一分回味都欢喜。

静心凝神，和缓安宁，
一箸一羹，和气亲睦。

精进料理之『精』，
在于克己，
一番和食之『和』，
在于复礼。

与自然和律，
与天地同心，
与万物与共，
克己复礼，
尽归仁和。

和宴

黑松露豆腐

蔬菜天妇罗

关东煮

甜菜根手握寿司

大阪烧

草莓大福

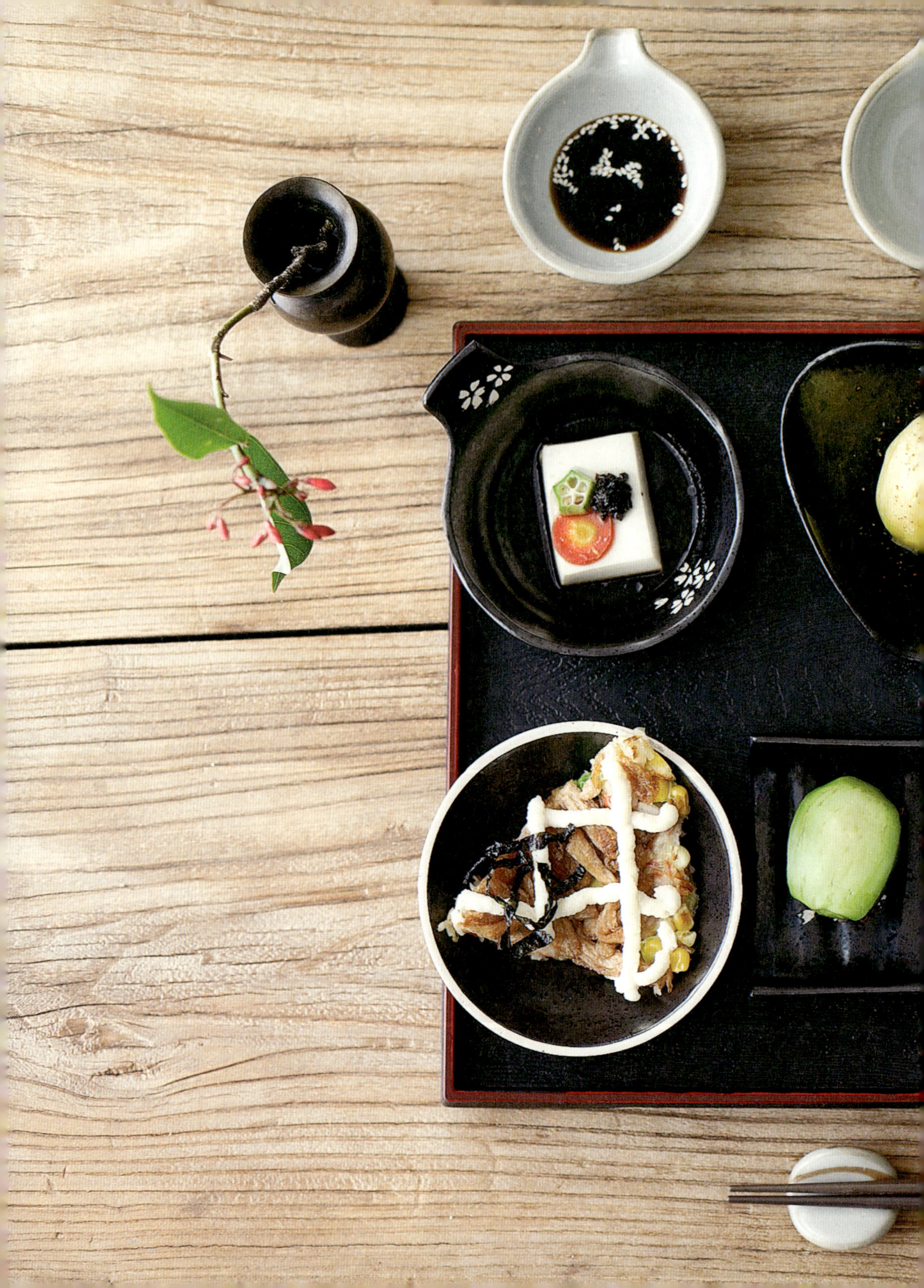

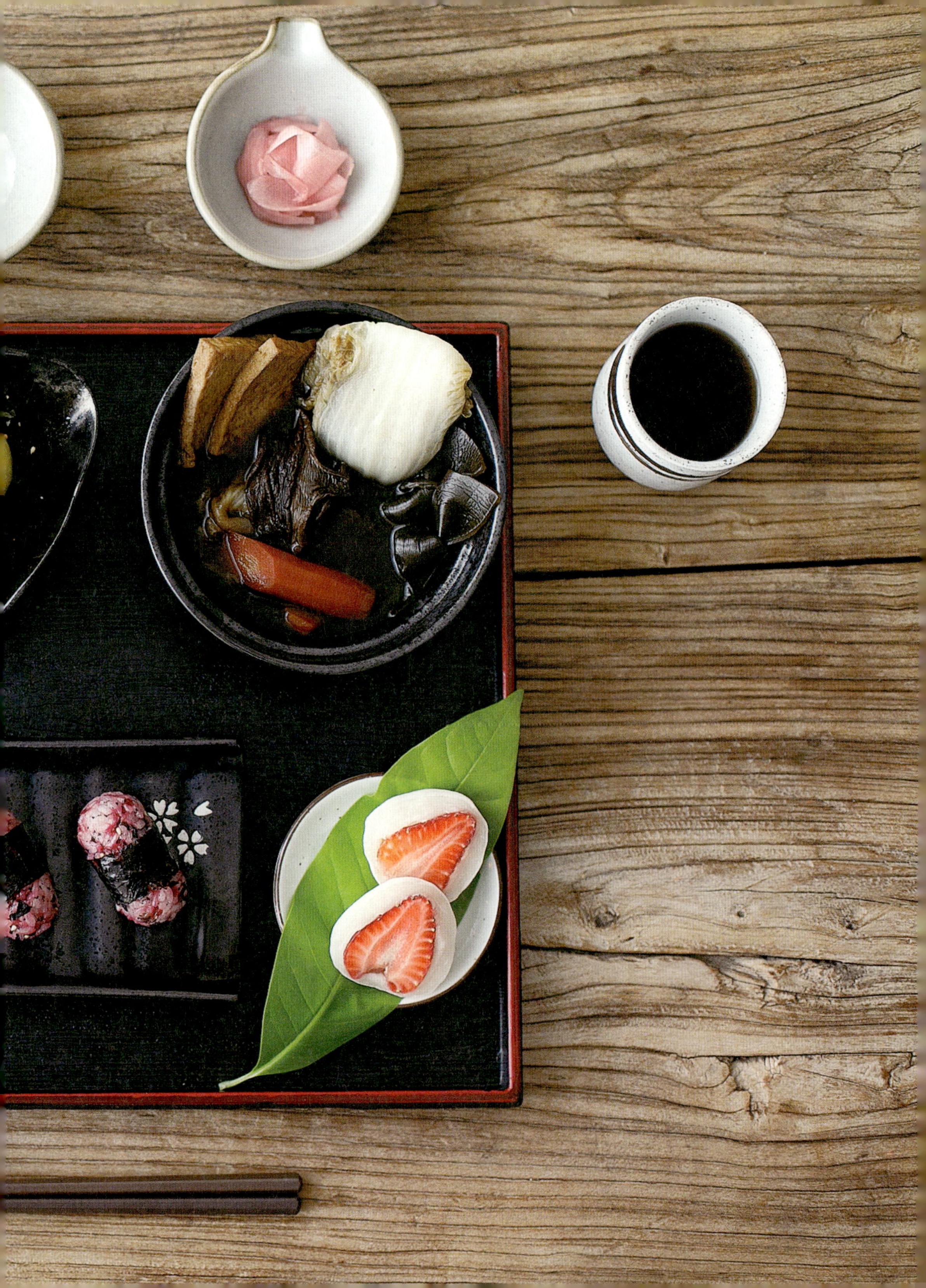

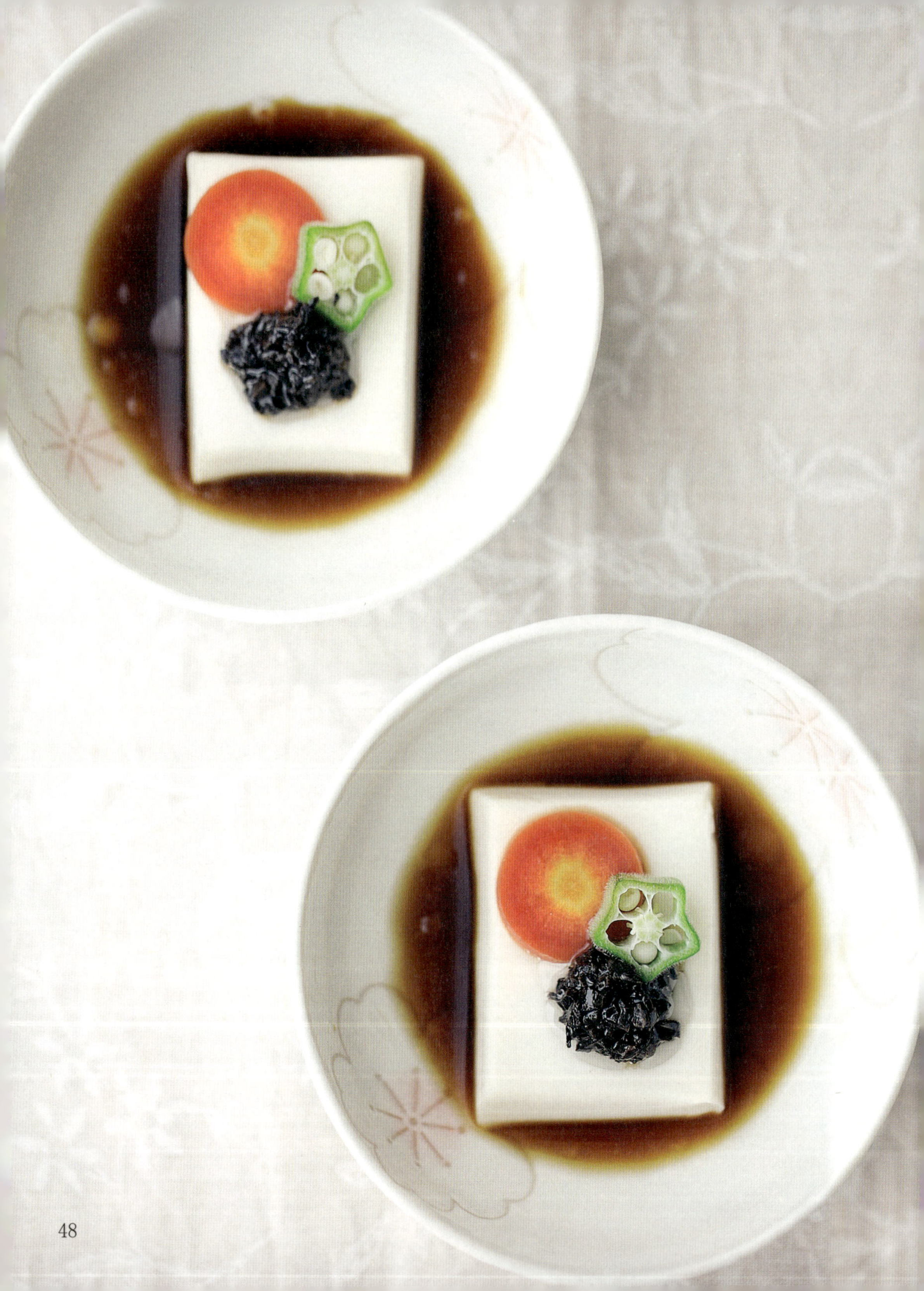

黑松露豆腐

食材 / 12人份

韧豆腐2盒　黑松露酱　糖粉5g　秋葵1根
胡萝卜12片　酱油18ml　纯净水2L
盐少许

黑松露酱食材

黑松露干片5g　酱油1/4茶匙　糖1/4茶匙
盐1/8茶匙　纯净水20ml　植物油适量

步骤

1. 将备好的酱油、纯净水、糖混合均匀成酱油汁。
2. 胡萝卜洗净切12片，用模具压花。
3. 豆腐冲洗，每盒豆腐切成6等份。
4. 纯净水2L倒入锅中，加盐1勺煮开，将胡萝卜片烫30秒，秋葵烫15秒，秋葵切片约5mm厚。
5. 将豆腐放入锅中煮，至水开后捞起，装盘，每块豆腐表面放一片胡萝卜、一片秋葵点缀。
6. 每块豆腐淋上1/4茶匙黑松露酱，然后将1/2茶匙的酱油汁淋在盘底即可。

制作黑松露酱

1. 黑松露5g用纯净水20ml泡软。
2. 捞出切碎，黑松露水待用。
3. 切碎的黑松露与泡过的水、酱油、盐、糖一起煮至水分收干。
4. 倒入能没过黑松露的植物油，油开即可关火，晾凉即可食用。

（冰箱冷藏可保存一周）

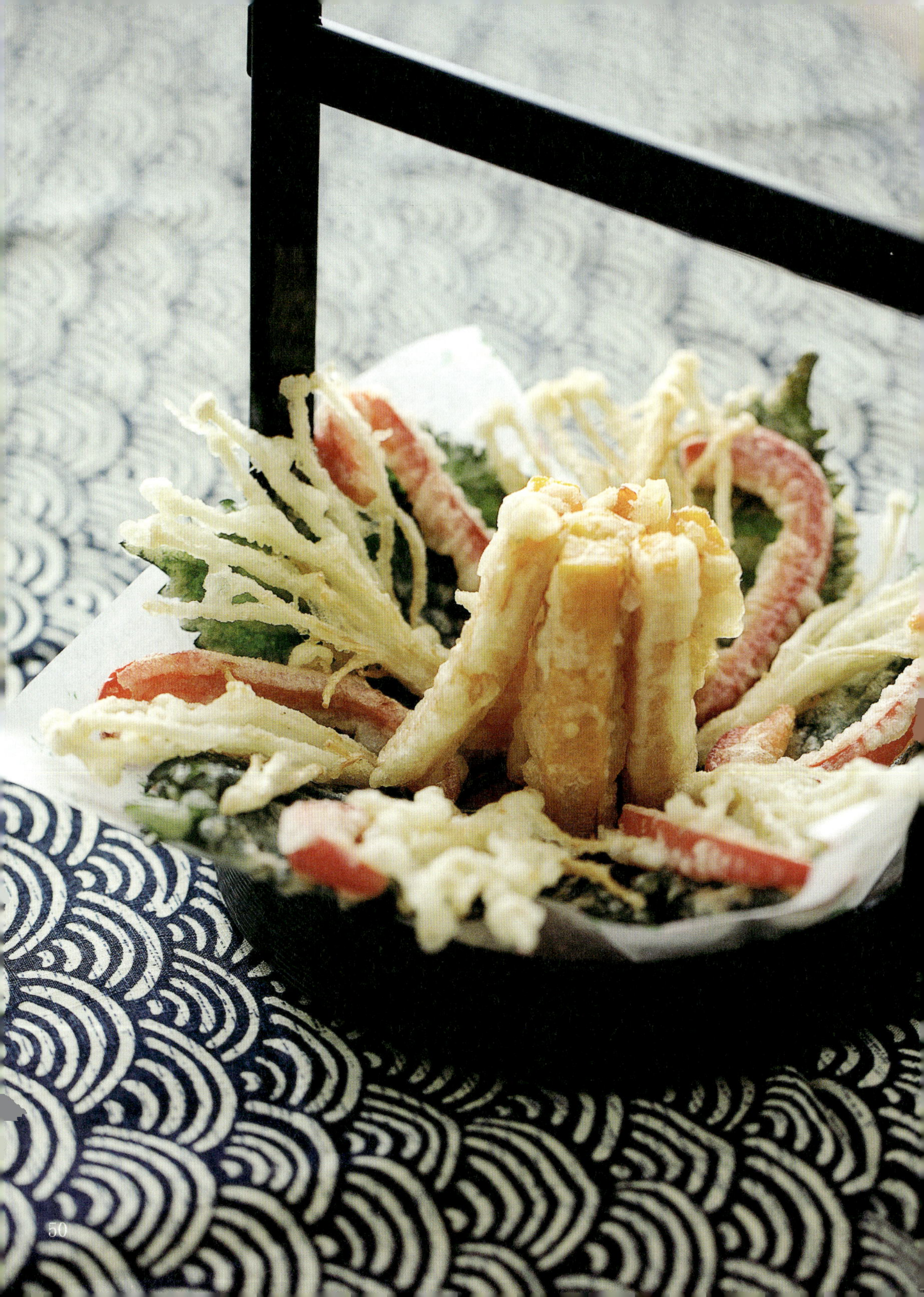

蔬菜天妇罗

食材 / 12人份

面衣
低筋面粉100g　炸粉50g　冰块50g　盐1/4勺
白胡椒粉1/4勺　玉米油5ml　纯净水175ml

蔬菜
南瓜12条（1cm宽）　南瓜花12朵
金针菇12束　紫苏叶12片

步骤

1. 除冰块外，其他食材搅拌均匀。
2. 开始炸时面糊中放冰块，可以降低面衣温度，增加蓬松口感。
3. 油温160°C～180°C，所有食材按顺序依次炸。顺序为南瓜条、紫苏叶、南瓜花、金针菇。时间控制在30秒至1分钟（紫苏叶和金针菇30秒内），稍变黄捞出，沥油待用。
4. 在每一单品炸完后，及时捞出油渣。
5. 油温升到180°C～200°C之间，再迅速复炸一次。
6. 容器上铺一张吸油纸，将炸物摆盘即可。

贴士
白萝卜100g磨碎，作为佐餐蘸料，可增进食欲，去油腻。

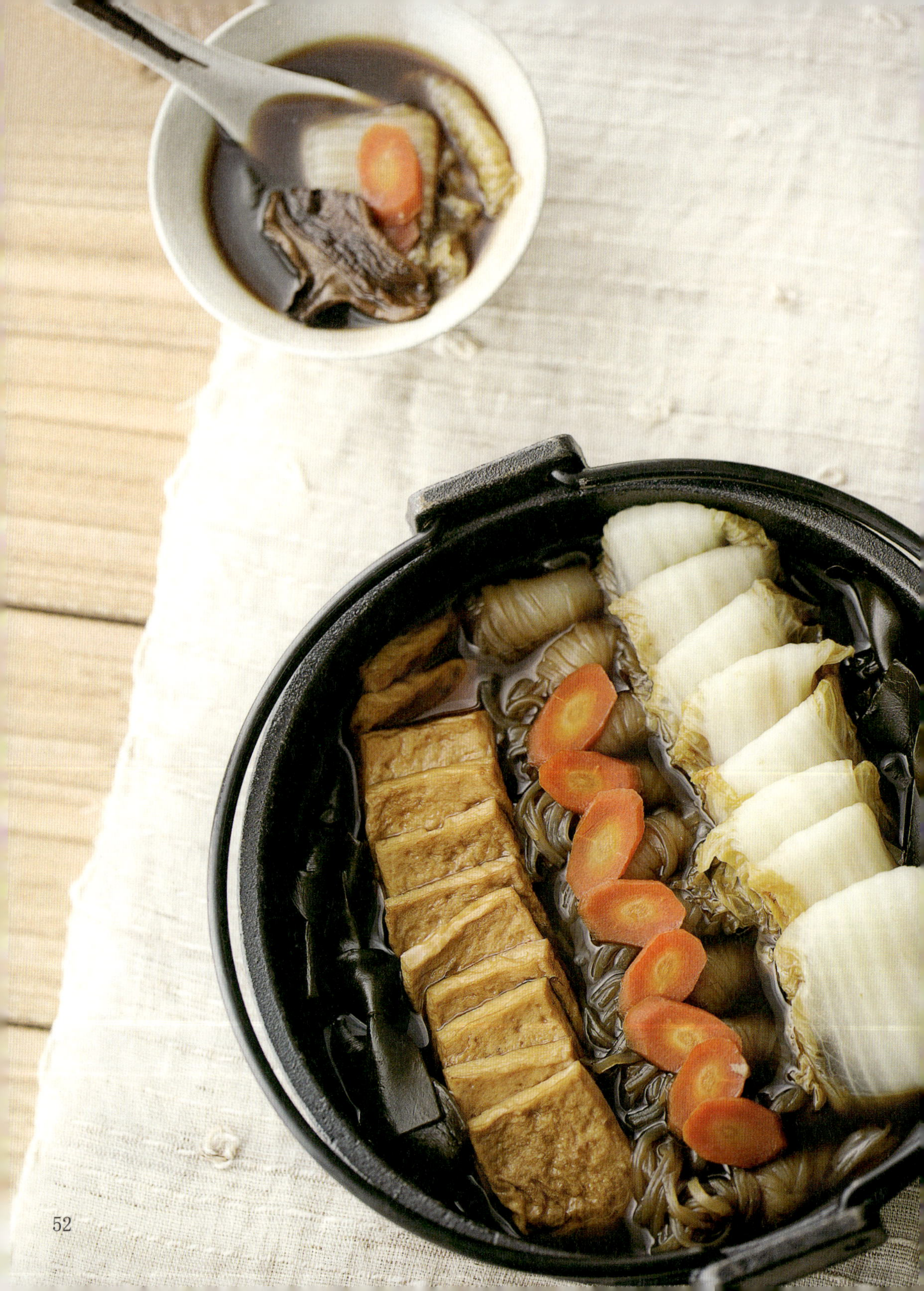

关东煮

食材 / 12人份

煮物
千页豆腐24片　魔芋结24个　娃娃菜24片
胡萝卜12片

高汤
苹果550g　白萝卜580g　海带结24个
胡萝卜220g　牛肝菌36g　姜30g　盐适量
白胡椒粉适量　酱油110ml　纯净水1.8L

调制酱油
糖32g　牛肝菌8g　酱油320ml
纯净水80ml

步骤

特制高汤

1. 牛肝菌冲洗一次，用纯净水泡30分钟。牛肝菌继续冲洗干净，切小片待用。
2. 将苹果、胡萝卜、白萝卜榨成蔬果汁，去渣后待用。
3. 锅里倒入纯净水、姜、海带结，大火煮开；加入牛肝菌、泡牛肝菌的水、蔬果汁、白胡椒粉，煮沸后转中小火；加入调制酱油，熬1小时，最后加盐即可。

关东煮

1. 将娃娃菜叶洗净，百页豆腐切5mm薄片，待用。
2. 将高汤煮滚后放百页豆腐、魔芋结。
3. 将高汤再次煮滚后放胡萝卜片、娃娃菜，中小火煮5分钟即可。

调制酱油

将全部食材倒入器皿中，煮开后，小火熬40分钟，静置晾凉即可。（料理中使用的酱油，均为提前调制，出品更鲜美）

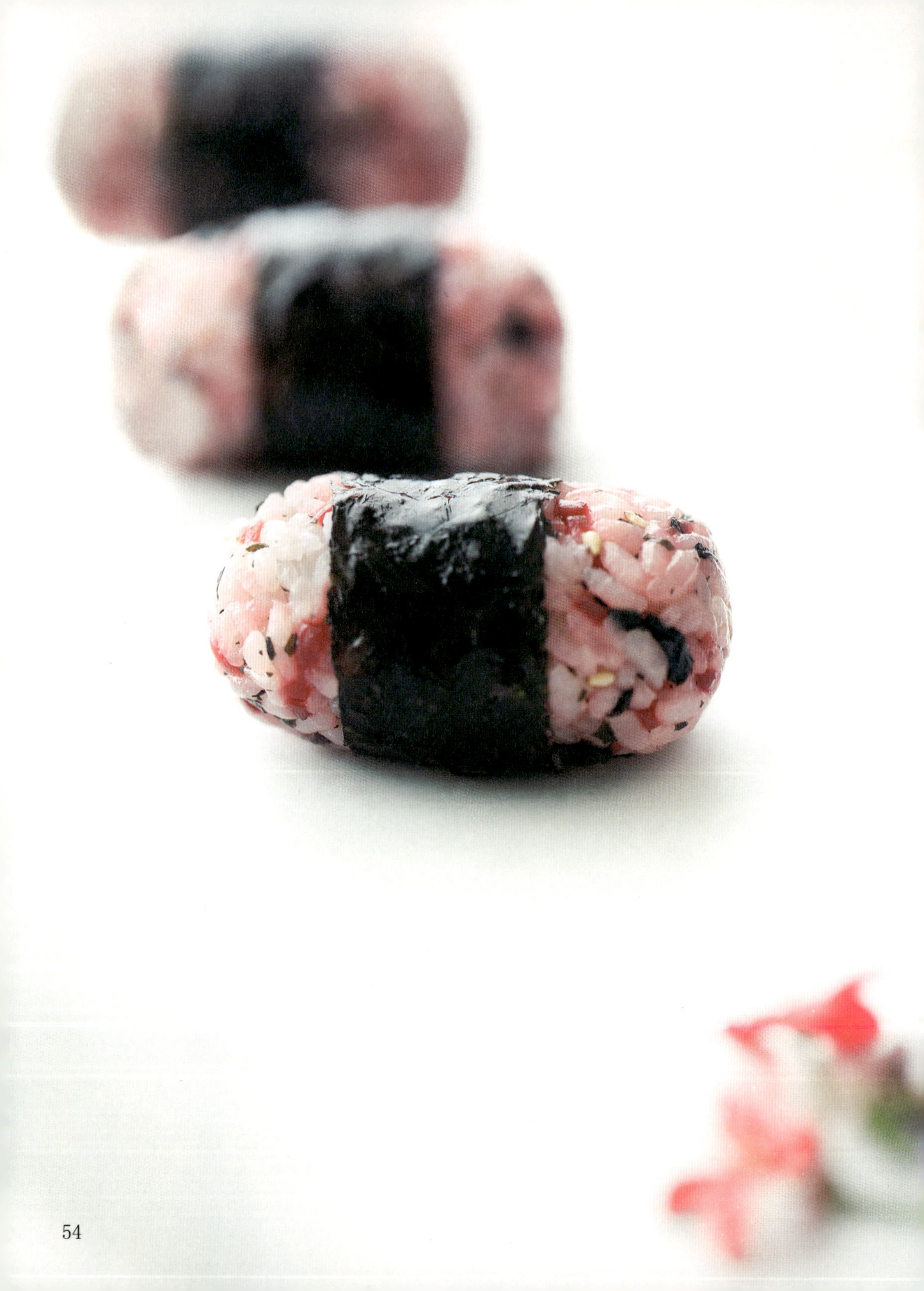

甜菜根手握寿司

食材 / 12人份

珍珠米160g　寿司醋粉5.5g　白芝麻3g
日本紫苏梅子调味料2g　甜菜根30g
海苔1包　盐1/8茶匙　植物油1/8茶匙
纯净水180ml

步骤

寿司饭

1. 将珍珠米淘洗干净，把备好的纯净水、盐、植物油、淘好的珍珠米放入电饭锅中，煮熟。
2. 用饭勺稍微松动米饭，使其彻底晾凉。
3. 在饭中加入寿司醋粉，搅拌均匀，待用。

甜菜根粒

1. 甜菜根切成珍珠米粒大小。
2. 把水煮开，将甜菜根粒、少许植物油、少许盐放入开水中煮2分钟，随后将甜菜根粒捞出，拌白芝麻、日本紫苏梅子调味料，待用。

制作寿司

1. 将拌好的甜菜根粒倒入寿司米饭中，搅拌均匀。
2. 每个寿司称量28g，用手握紧成圆柱形，另一只手的食指和中指并拢，轻轻按压米饭两端，成圆弧状。
3. 将海苔片纵向剪成2cm长，10cm宽，待用。
4. 在塑形好的寿司中间缠一条剪好的海苔长片，即可。

56

大阪烧

食材 / 12人份

大阪烧
椰菜200g　玉米粒150g　海鲜菇120g
胡萝卜100g　青豆70g　大豆蛋白5片
海苔丝数条　低筋面粉120g　白胡椒粉1/4勺
五香粉1/8勺　淀粉1/2勺　盐1勺　酱油1/2勺
玉米油100ml　纯净水80ml

素沙拉酱
豆浆粉60g　甜菜根糖30g　盐2.4g
柠檬汁16ml　玉米油80ml　纯净水160ml

步骤

1. 将椰菜洗净切丝，海鲜菇切丁，胡萝卜擦丝，待用。
2. 大豆蛋白加纯净水泡发，挤干水分，撕成丝状，用五香粉、淀粉、酱油腌制1~2分钟。
3. 将椰菜丝、玉米粒、海鲜菇、胡萝卜、青豆、低筋面粉、白胡椒粉、纯净水搅拌均匀，最后加盐，制作成菜糊，分成2份，待用。
4. 在锅中加少许玉米油，将大豆蛋白炒制7分熟，分成2份，待用。
5. 在锅中加入适量玉米油，烧热后，取1/2的菜糊倒入锅中，盖上盖子，小火煎至两面金黄（约4分钟），出锅。
6. 锅里放玉米油20ml，加1/2炒好的大豆蛋白丝，煎另一面，盖上锅盖，最小火焖3分钟即可。然后同样方法做另一份。
7. 将煎好的大阪烧装盘，在表面挤上沙拉酱成井字交错，撒上海苔丝装饰即可。

制作素沙拉酱

1. 将纯净水、甜菜根糖、盐混合均匀，后加玉米油，倒入豆浆粉，拌匀后加入柠檬汁。
2. 将拌好的食材倒入料理机中，开机搅拌2分钟即可。

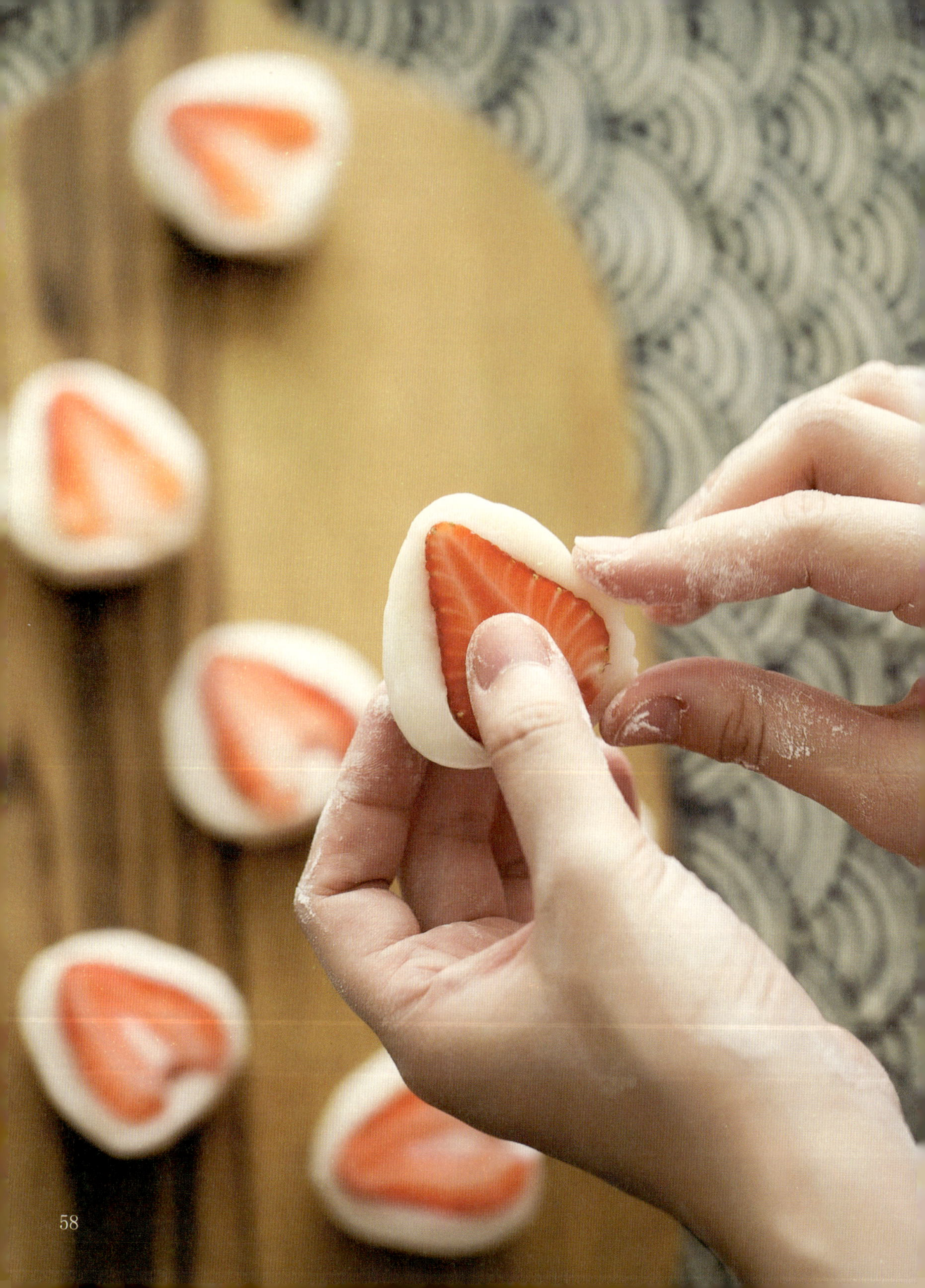

草莓大福

食材 / 12人份

红草莓6个　糯米粉150g
玉米淀粉4汤匙　糖粉65g
纯净水125ml　椰浆90ml

步骤

1. 糯米粉、糖粉、玉米淀粉2汤匙，混合均匀，过筛待用。
2. 椰浆加入纯净水混合均匀，煮沸，趁热加入筛好的粉中，用硅胶铲快速搅拌，成糯米团。
3. 在案板上撒玉米淀粉2汤匙做防粘用，放上糯米团，趁热揉均匀。
4. 将糯米团静置晾凉后，揉至光滑均匀。
5. 双手沾淀粉，将面团切成6个45g/个的面团，将草莓放在面团中间，包起来。
6. 从草莓上端处一切为二，显现出草莓的横切面，即可。

察觉

茶，令人察。

察言行有漏否？
察性情有偏否？
察心念有邪否？

或以清淡，
或以微苦，
或以轻涩，
或以沉香，
正味以察，
正闻以觉。

一套茶食，清心怡神，
三省吾身，问心正意。
而后，
察而能觉，
觉而能醒，
醒而能起，
起而能行。

茶宴

茶香卤料饭

宝黄豆腐

茄汁手工拉面

竹笙蔬食料理

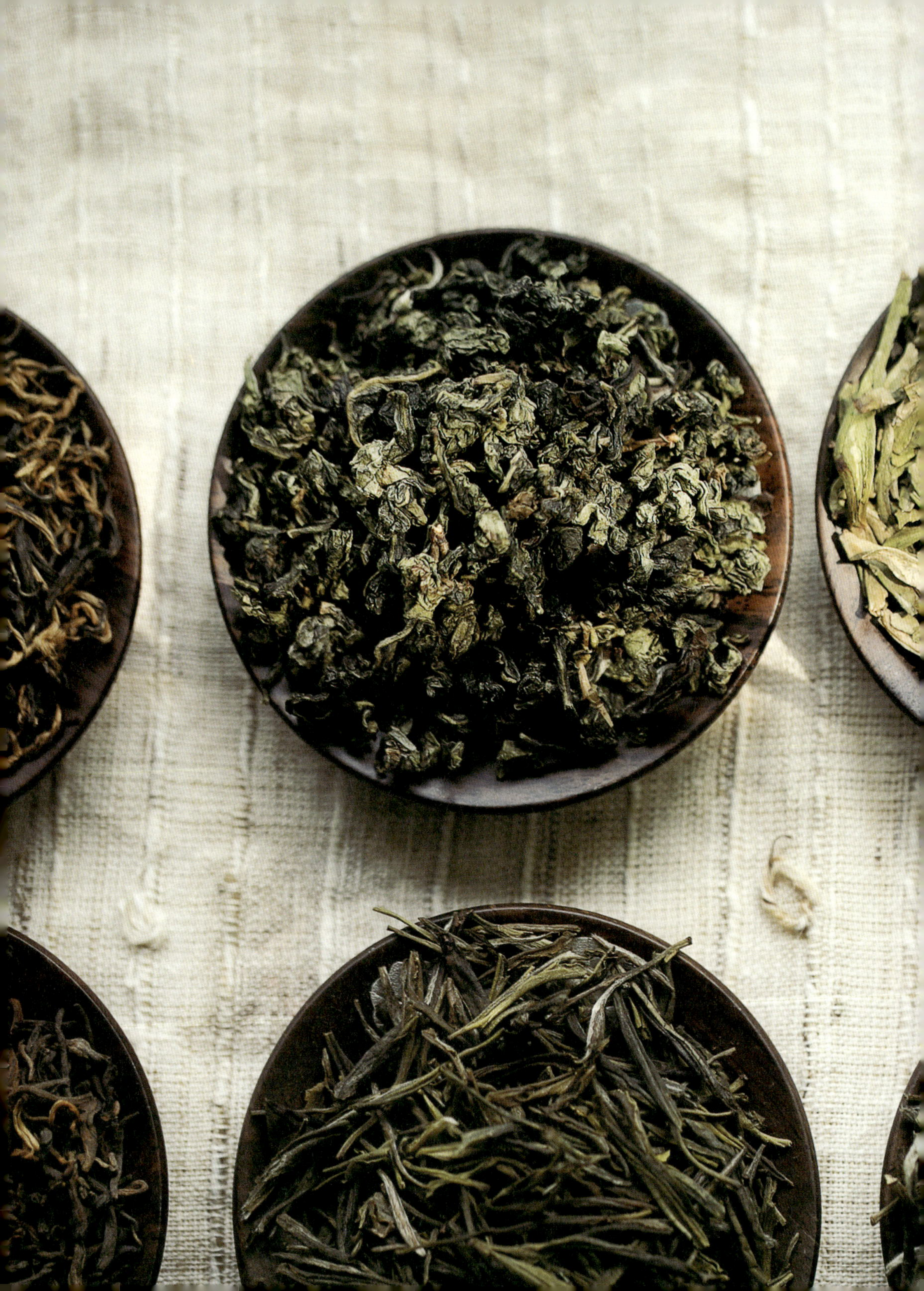

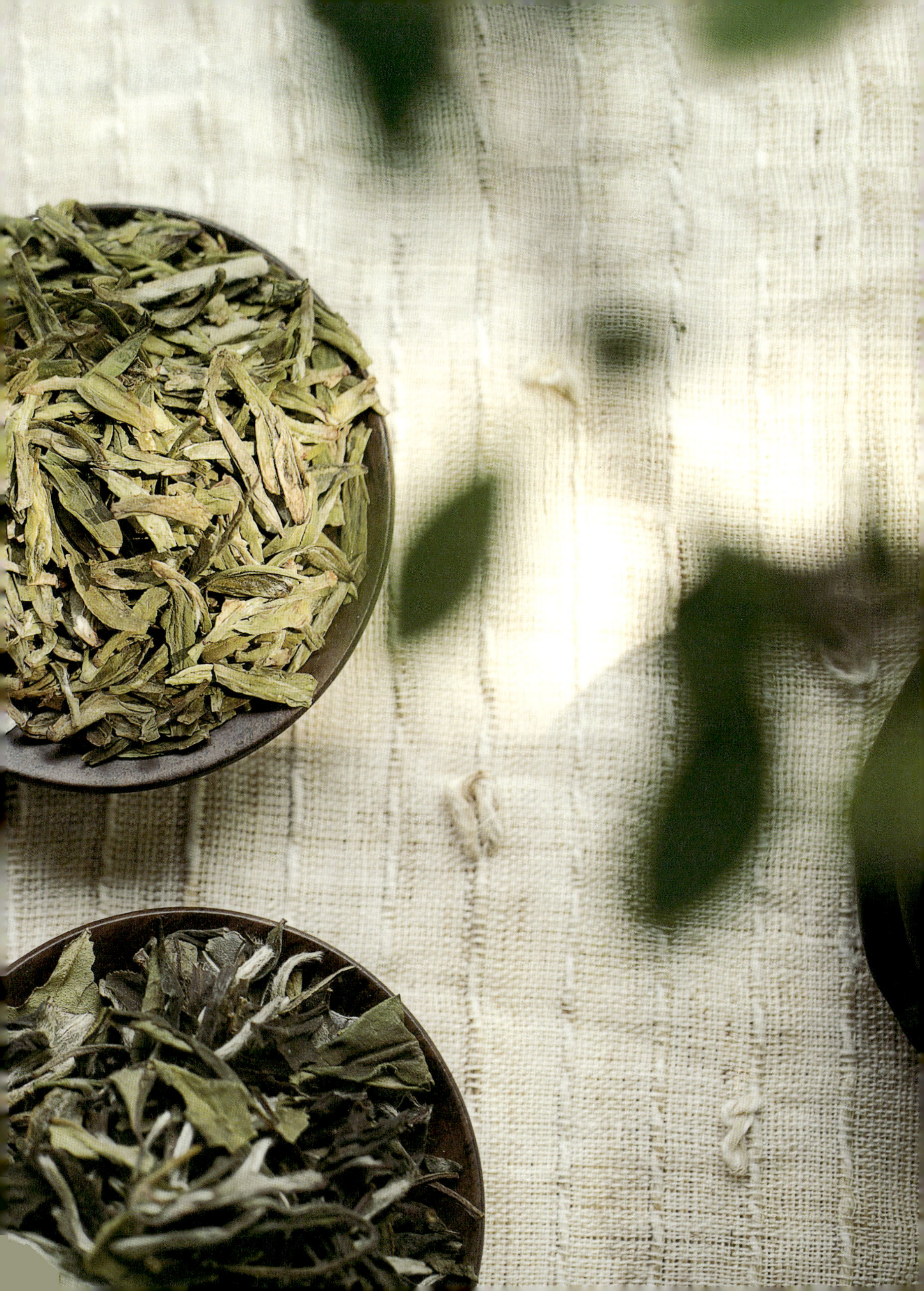

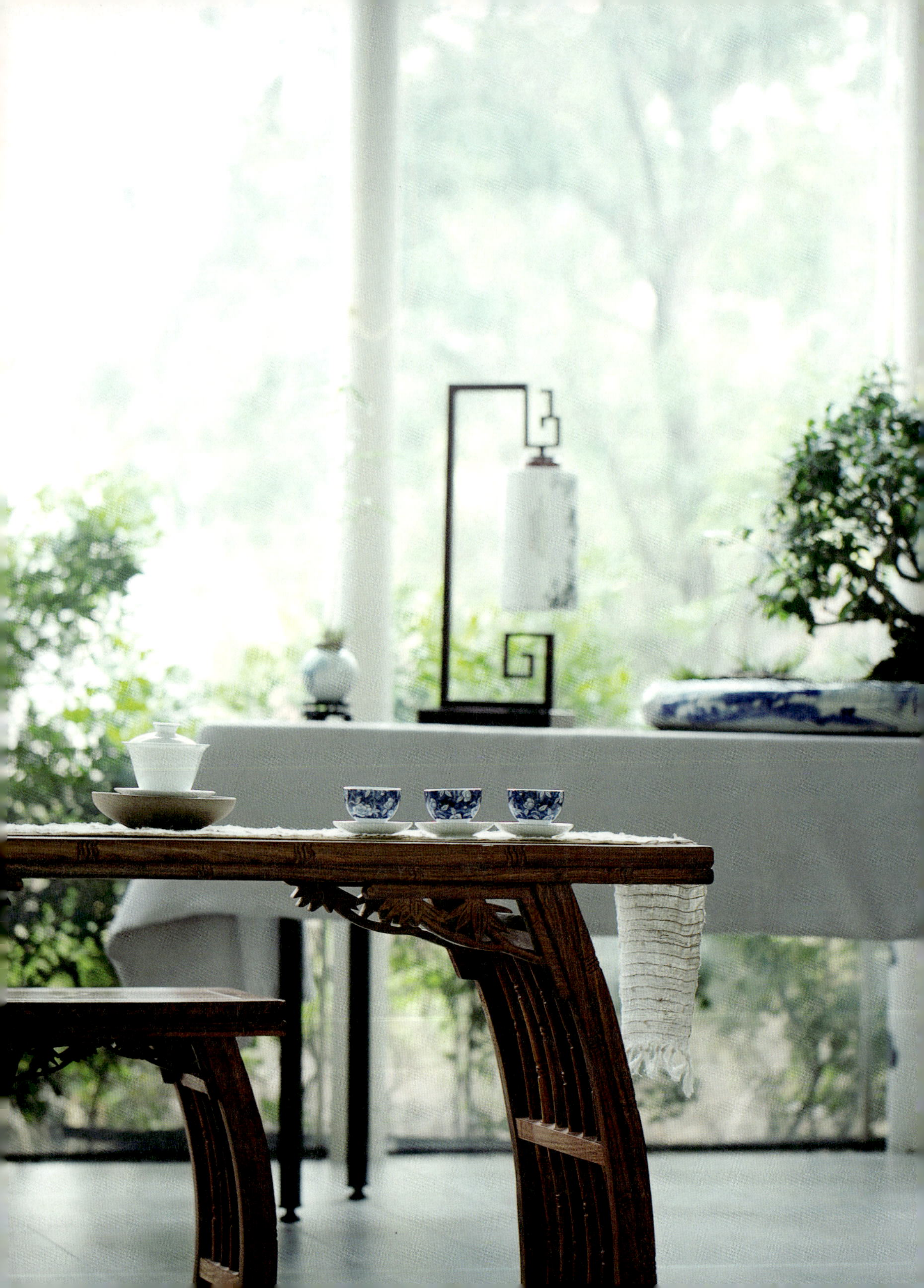

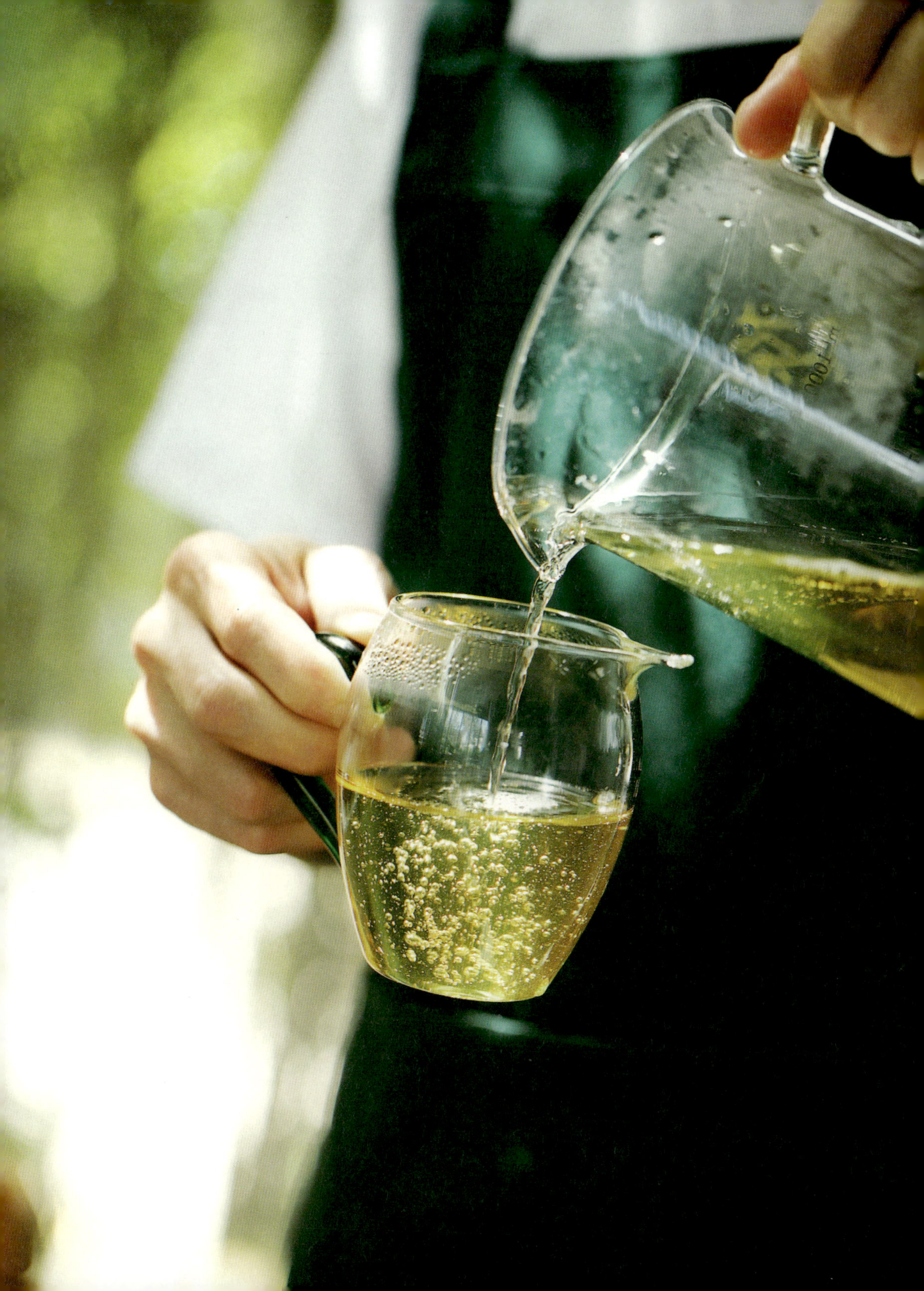

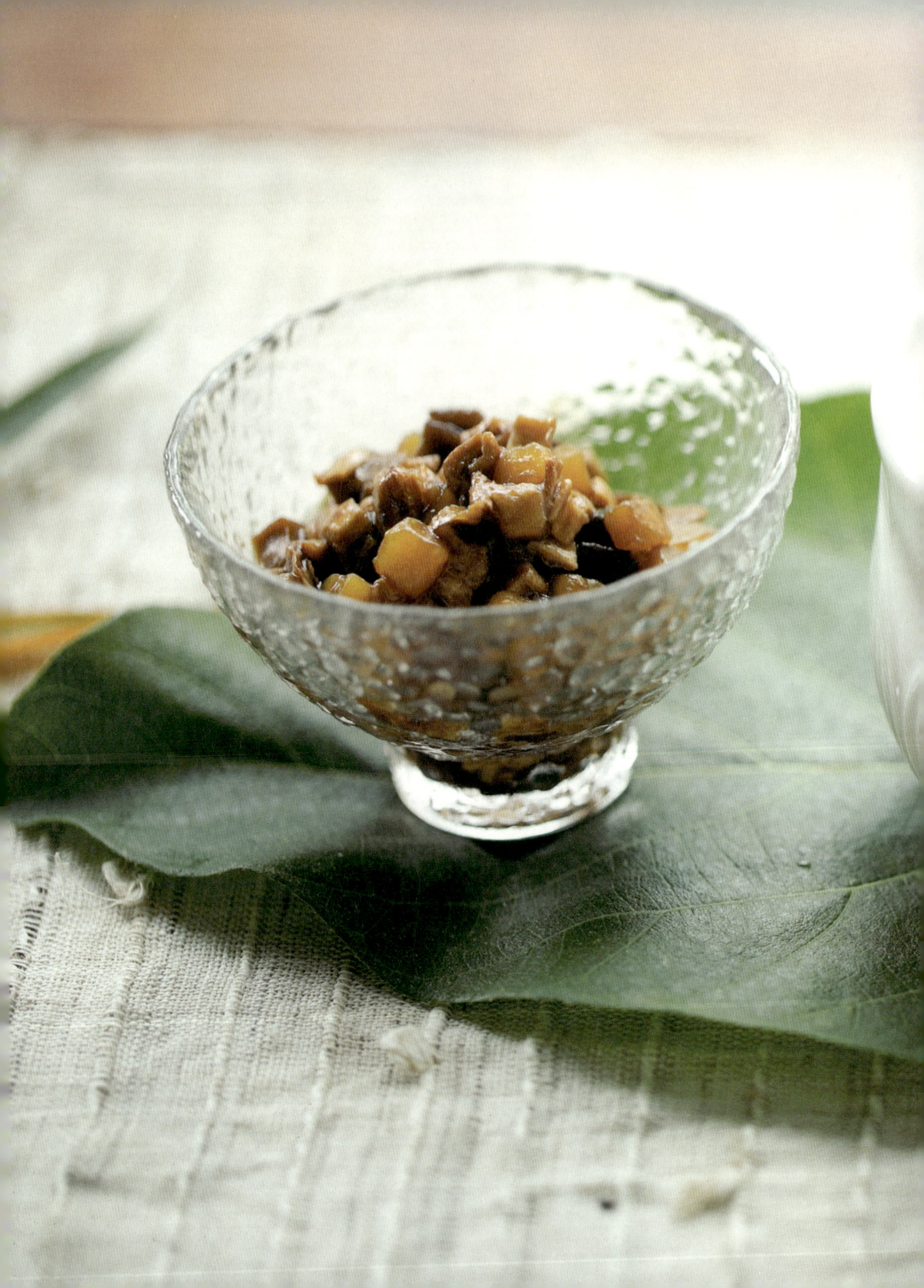

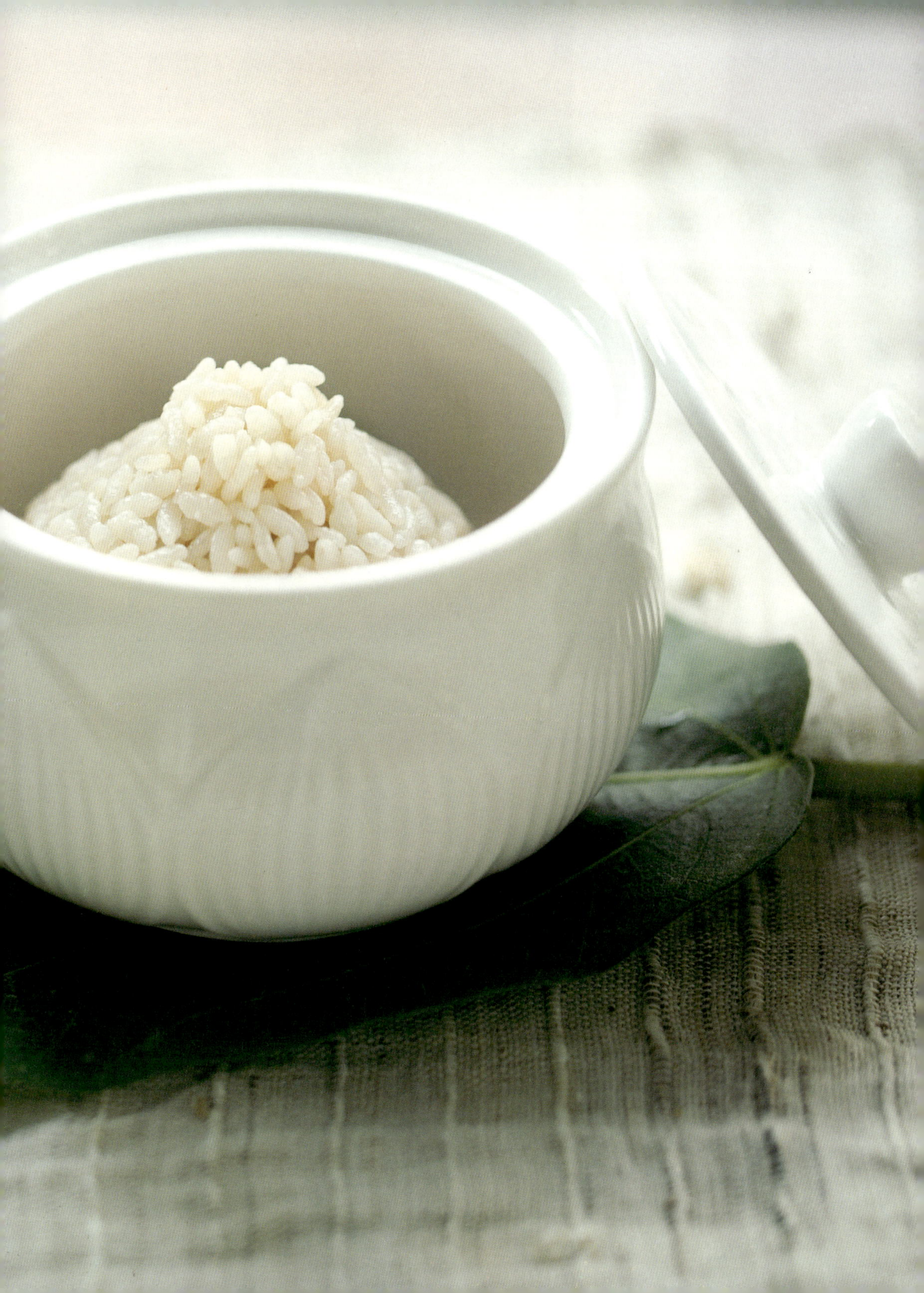

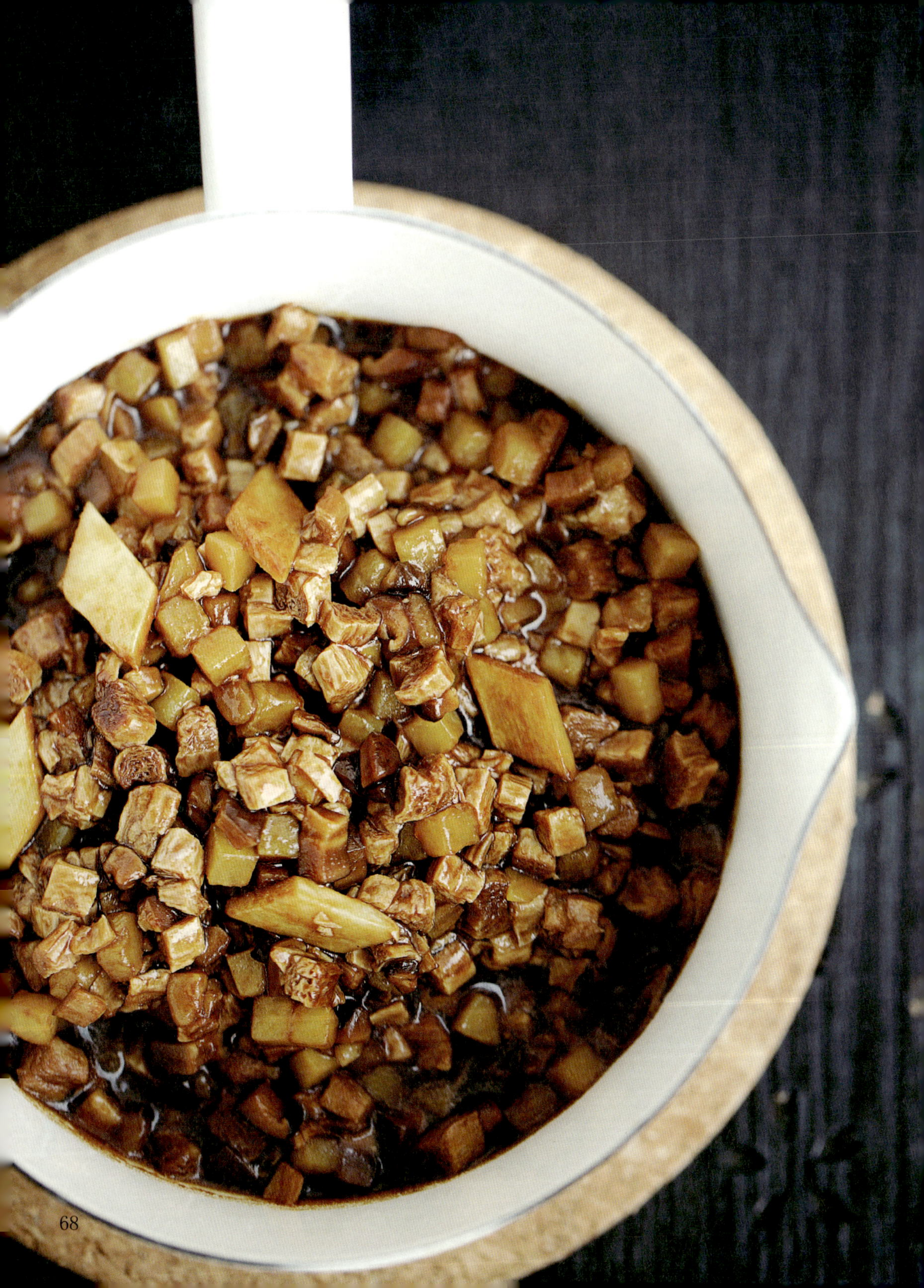

茶香卤料饭

食材 / 12人份

饭
寿司米480g　高山茶叶10g　纯净水680ml
玉米油5ml

调料
酱油5ml　植物油8ml

卤料
大豆蛋白80g　土豆120g　香菇12g　花椒1g
八角1g　桂皮1.5g　香叶1片　姜5g
冰糖6g　盐1g　天贝100g　生粉10g
酱油15ml　老抽15ml

步骤

1. 炒大豆蛋白：将大豆蛋白用纯净水泡开后挤干水分，切成约0.5cm×0.5cm小粒，加入酱油15ml和生粉3g，腌20~30分钟；锅中加入植物油15ml，将大豆蛋白炒至金黄色，捞出待用。

2. 炒香菇粒：将香菇洗净，挤干水分，切约0.5cm×0.5cm小粒，加入酱油5ml腌制一会儿，在锅中加入植物油5ml，爆香，炒至金黄色，捞出待用。

3. 炒土豆粒：将土豆削皮洗净，切成约0.5cm×0.5cm小粒，在锅中加入植物油5ml炒熟，捞出待用。

4. 卤料汤：在锅中加入植物油15ml，倒入花椒、八角、桂皮、香叶、姜（切菱形片），小火爆香，约2~3分钟，然后倒入小瓦煲，加入纯净水450ml，水开后煮5分钟。

5. 在瓦煲中加入炒好的食材与冰糖、盐、酱油、老抽。水开后再煮5分钟，加入生粉水（生粉7g和纯净水40ml调和）勾芡。

6. 将天贝均匀斜切成12片，在锅中加入植物油，中小火煎至金黄，翻面，再加等份的植物油煎至金黄，捞出摆盘。

7. 制作茶香饭：高山茶泡出六次的茶水（前三泡每泡浸泡1分钟，后三泡每泡浸泡2分钟），将茶水倒入米饭中；在茶水米饭中倒入玉米油，浸泡半小时后开始蒸煮，煮好后即成茶香饭。

8. 卤料分12份，食用时扣在茶香饭上拌匀即可。

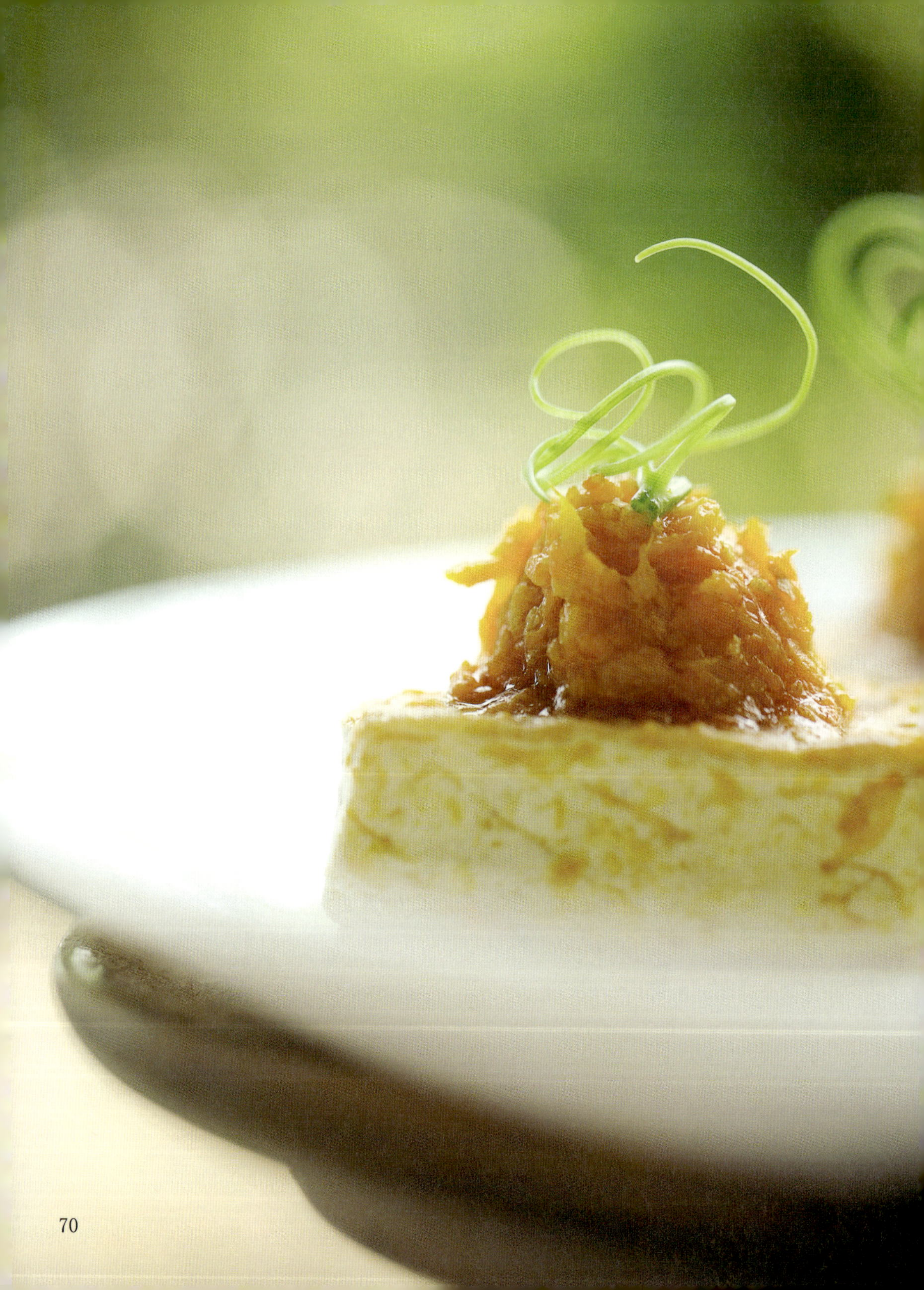

宝黄豆腐

食材 / 12人份

豆腐3大块　胡萝卜240g　姜90g
盐2.5g　冰糖1.5g　白胡椒粉适量
酱油适量　生粉水（生粉5g加水30ml调和）
香油5ml　热水300ml　植物油8ml

步骤

1. 将豆腐均匀切成12块。

2. 将胡萝卜、姜分别擦成泥，待用。

3. 将豆腐用植物油煎成两面微黄，放1/2茶匙盐，煎好后关火。加入1茶匙酱油和1/4茶匙白胡椒粉调味，翻拌均匀，装盘。

4. 放1大匙植物油炒香姜泥，再放2大匙植物油炒胡萝卜泥，然后翻拌均匀。

5. 加入热水、盐、冰糖调味，接着放入煎好的豆腐，小火焖8分钟，放入香油拌匀，再加生粉水勾芡出锅。

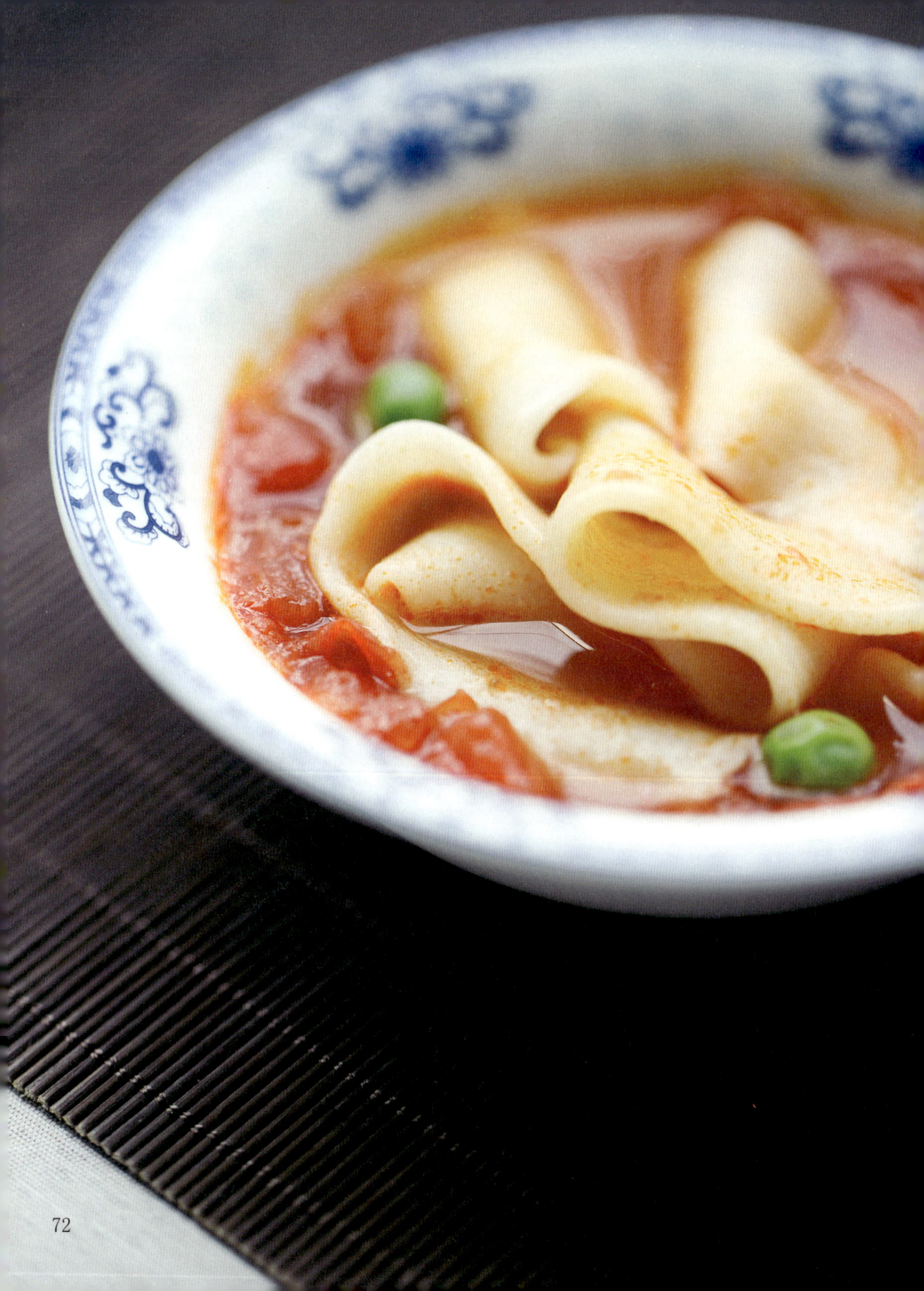

茄汁手工拉面

食材 / 12人份

汤底
西红柿1kg　豆瓣酱45g　杏鲍菇120g
千页豆腐200g（均匀切成12片）　青豆60g
姜6g　酱油5ml　植物油20ml　纯净水800ml

面片
高筋面粉500g　盐1g　纯净水275ml
植物油适量

步骤

制作汤底

1. 千页豆腐用平底锅加少量植物油中火煎至双面微黄，盛出待用。

2. 将杏鲍菇洗净后用厨房纸巾擦干，切成青豆大小的颗粒，在锅中干煸后加少许植物油煎成金黄色盛出待用。

3. 锅里加植物油，油热后爆姜，接着爆香豆瓣酱，加入西红柿丁，翻炒后加入纯净水800ml，水开后用中火炖5~6分钟，至西红柿丁柔软，用木铲轻轻按压出西红柿汁。

4. 加入青豆、杏鲍菇和酱油再炖5分钟后关火。（可根据个人口味加减酱油。）

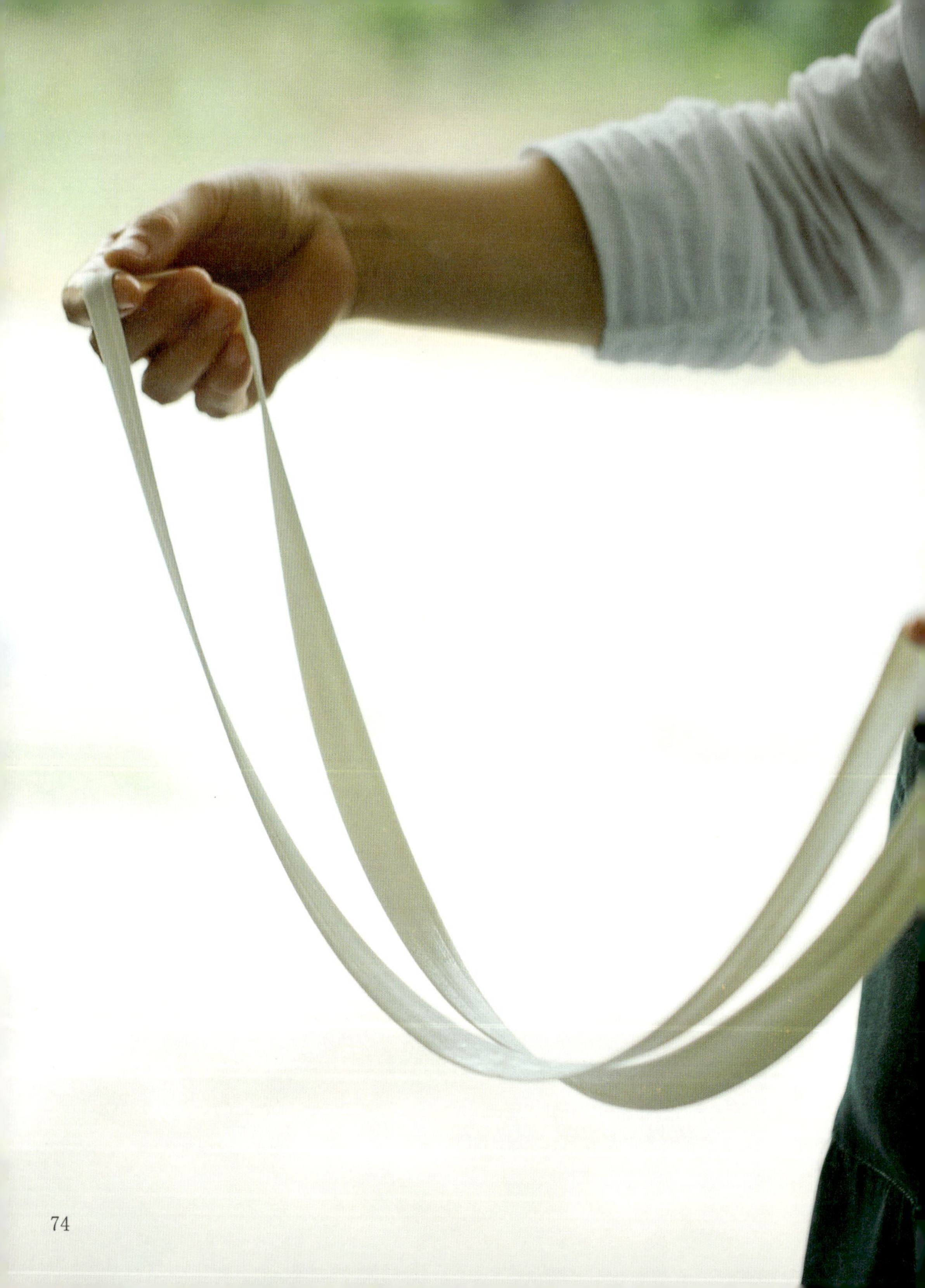

制作面片

1. 在面粉中缓缓注纯净水，加盐，揉成面团。
2. 轻揉2分钟后用保鲜膜盖好醒10分钟，取出面团再揉3分钟排气，然后盖上保鲜膜。
3. 将面团醒20分钟后，揉成10个大小相等的剂子。
4. 取一个剂子搓成18cm长的圆条状并用手压扁。
5. 先横着用擀面杖轻轻上下推压，再用擀面杖竖着左右推压，至面片光滑厚薄均匀。
6. 托盘底部刷一层薄薄的植物油，放上面片，在面片上也刷一层植物油；依次将面片刷好植物油，完成后用保鲜膜盖好。

煮面

1. 另起一锅，加纯净水，水烧开后拿起一条面片抻开，揪成约15cm的长面片，下锅，待全部完成后，煮1分钟关火捞出，倒入准备好的容器里。
2. 把做好的汤底倒在面片上，摆上煎好的千页豆腐即可。

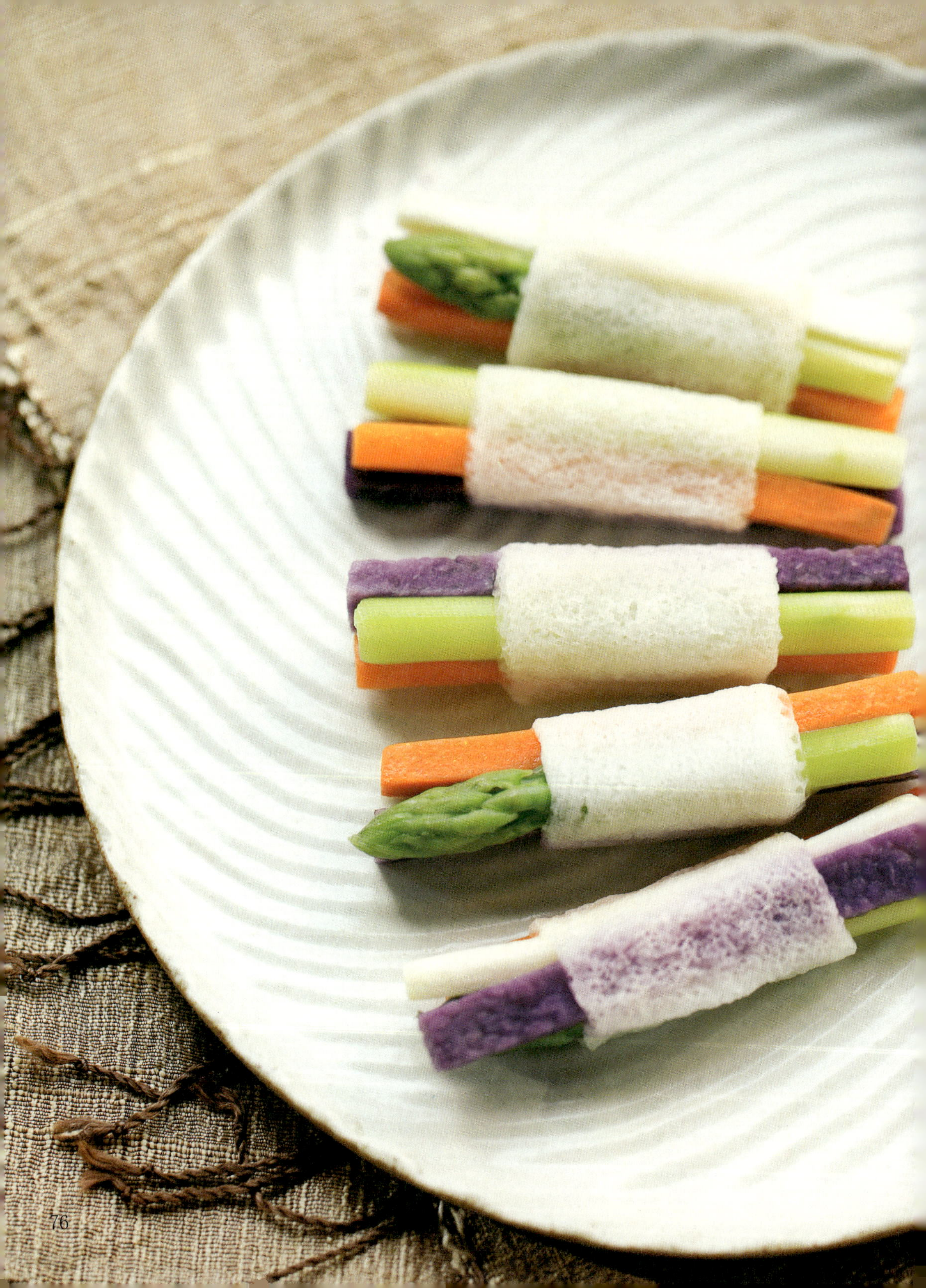

竹笙蔬食料理

食材 / 12人份

竹笙12条　芦笋12条　茭白12条
胡萝卜12条　紫淮山12条

步 骤

1. 将竹笙提前泡发，泡发后清洗干净，用剪刀剪成大约4cm长的形状。

2. 将芦笋、茭白、胡萝卜、紫淮山去皮洗净，切成，长约6cm、宽约0.5cm的条状。

3. 锅中烧开水，放少许盐，将芦笋放入锅中焯水约40秒，紫淮山焯水40秒，竹笙焯水2分钟，捞出待用。

4. 锅中放少许植物油，竹笙两面煎干。随后在锅中放少许植物油，茭白、胡萝卜依次分别快炒，然后盛出。（先炒茭白，后炒胡萝卜，可以避免茭白被染色。）

5. 将芦笋、茭白、胡萝卜、紫淮山小心装入竹笙中即可。

锦宴素年

在一层心境之上,
在无数经过之后,
在足够富有的爱里,
在越发清明的心中,
它才会破土而出,
这一株喜悦『新芽』,
就是——『朴·素』。

朴素中,我们
心生力量,
心有喜乐,
愿点滴喜乐,汇成涌泉。
愿绵薄合力,聚为暖流。

新年,新悦,
新素,新生。

广西素宴

油茶

露水汤圆

桂林米粉

五色糯米饭

豆腐圆

酸姜豆腐煲

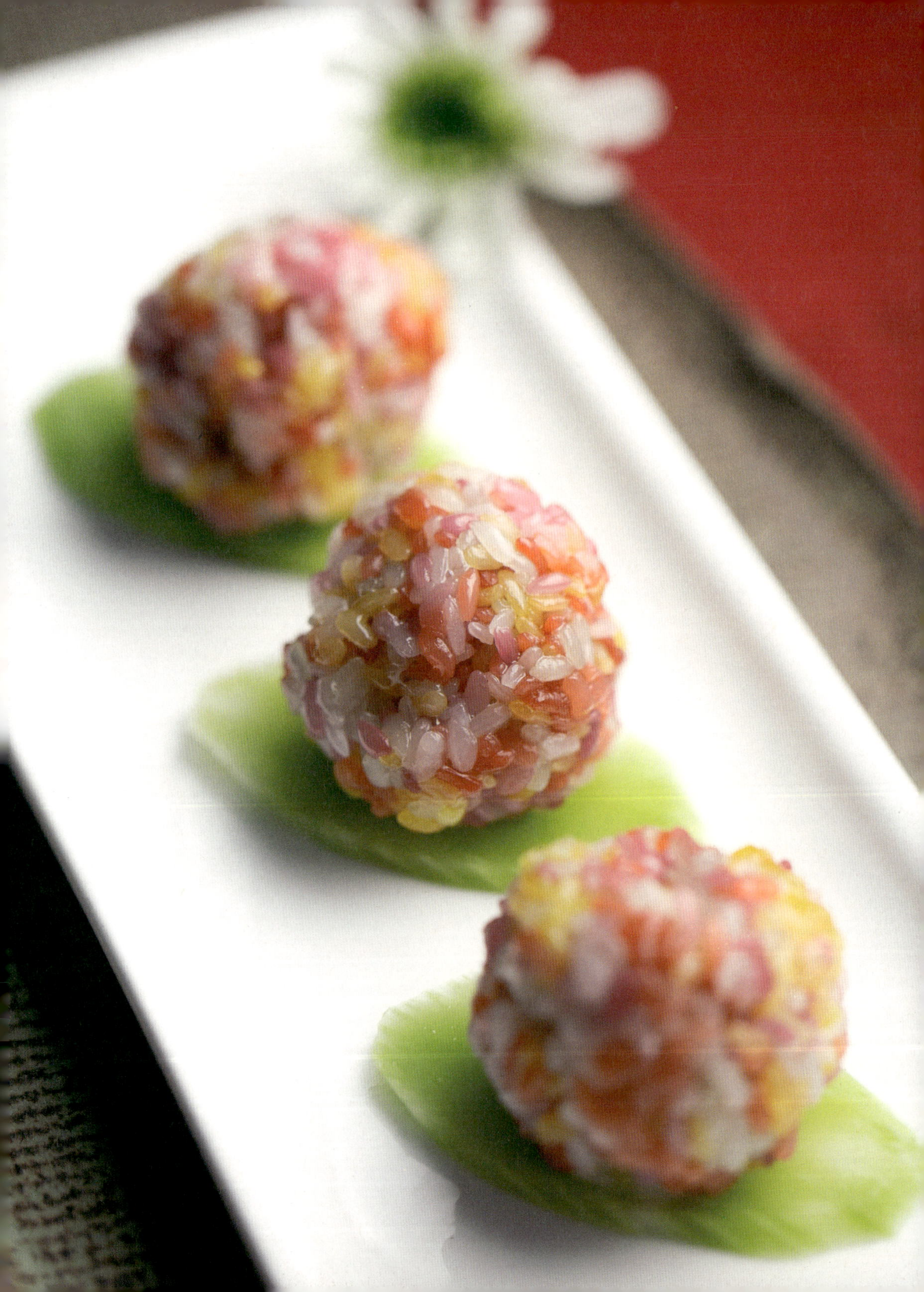

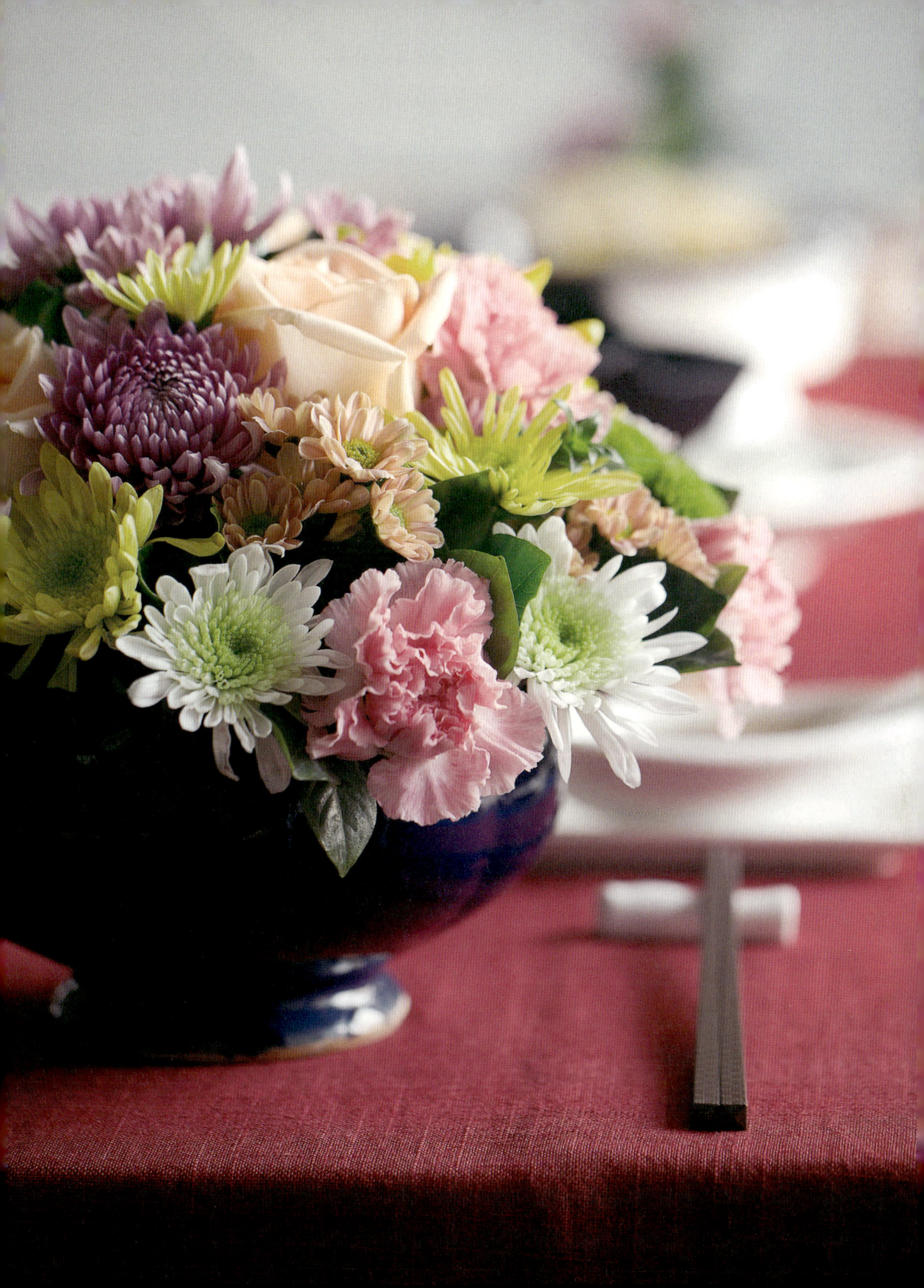

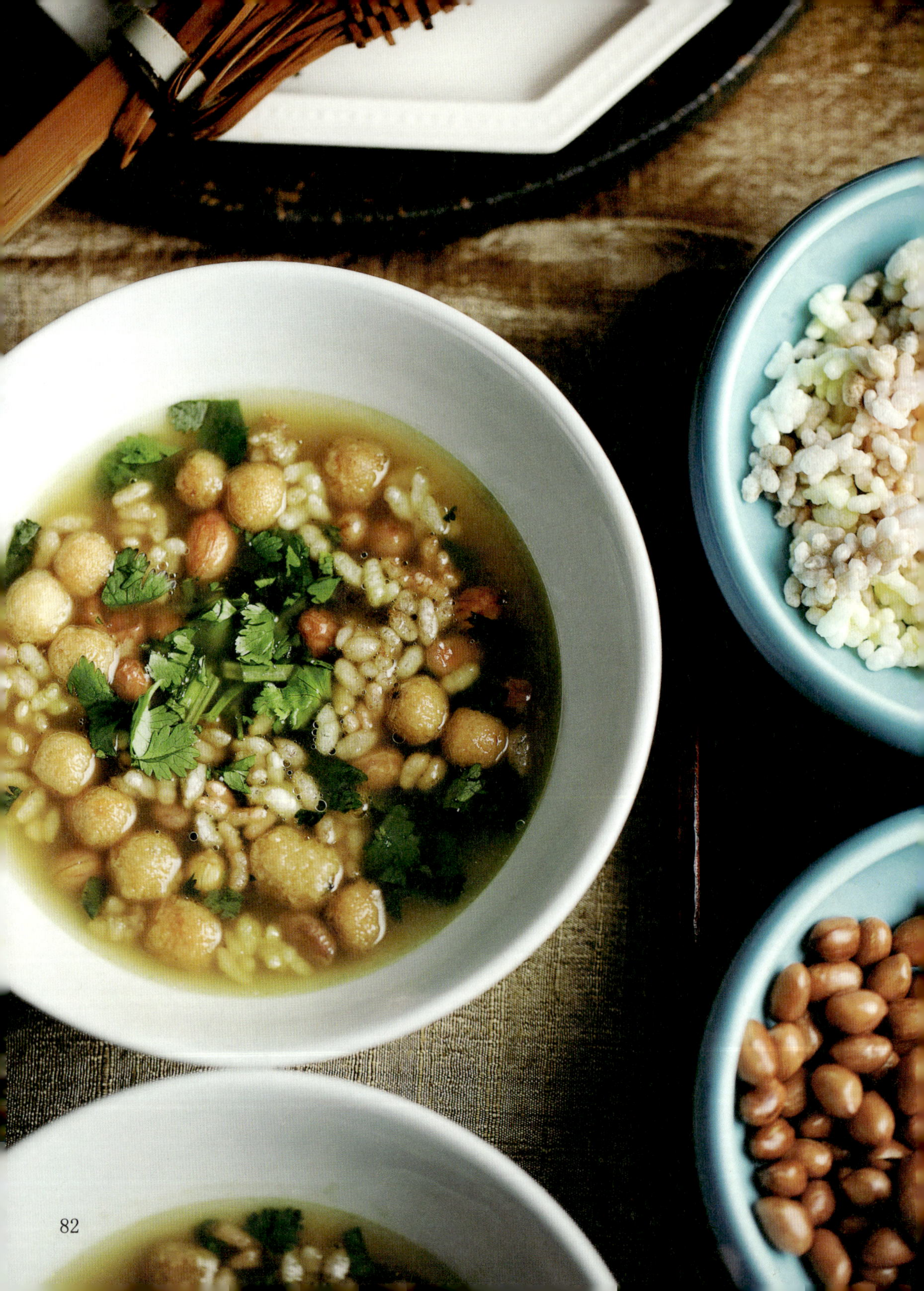

油茶

食材 / 12人份

油茶茶叶35g　生姜3片　茶籽油20ml　纯净水

配料

五色米花150g　炸花生米120g　盐15g　糖20g
香菜末少许

步 骤

1. 热锅下油爆香姜片，捞起姜片，下茶叶，炒至茶叶变白，注入约80℃热水700ml，水开后滤出茶叶。

2. 茶叶放回锅里，中大火炒至水汽蒸发得差不多，开始注入开水1.3L；过程中不断试味，煮至浓度合适，汤有一定浓度，有茶味回甘而不涩，盛出茶汤，过竹篾，把茶叶滤出来即可。

3. 想喝第二道油茶时，把刚刚滤出的茶叶炒至水汽少一些，再注入准备好的开水，煮至浓度合适即可。（一份油茶茶叶一般可煮4道，每道各有滋味。打油茶的关键在于：一是注水的时间，茶叶变白六七成；二是全程专注，不走开。）

4. 最后，根据口味加入配料即可。

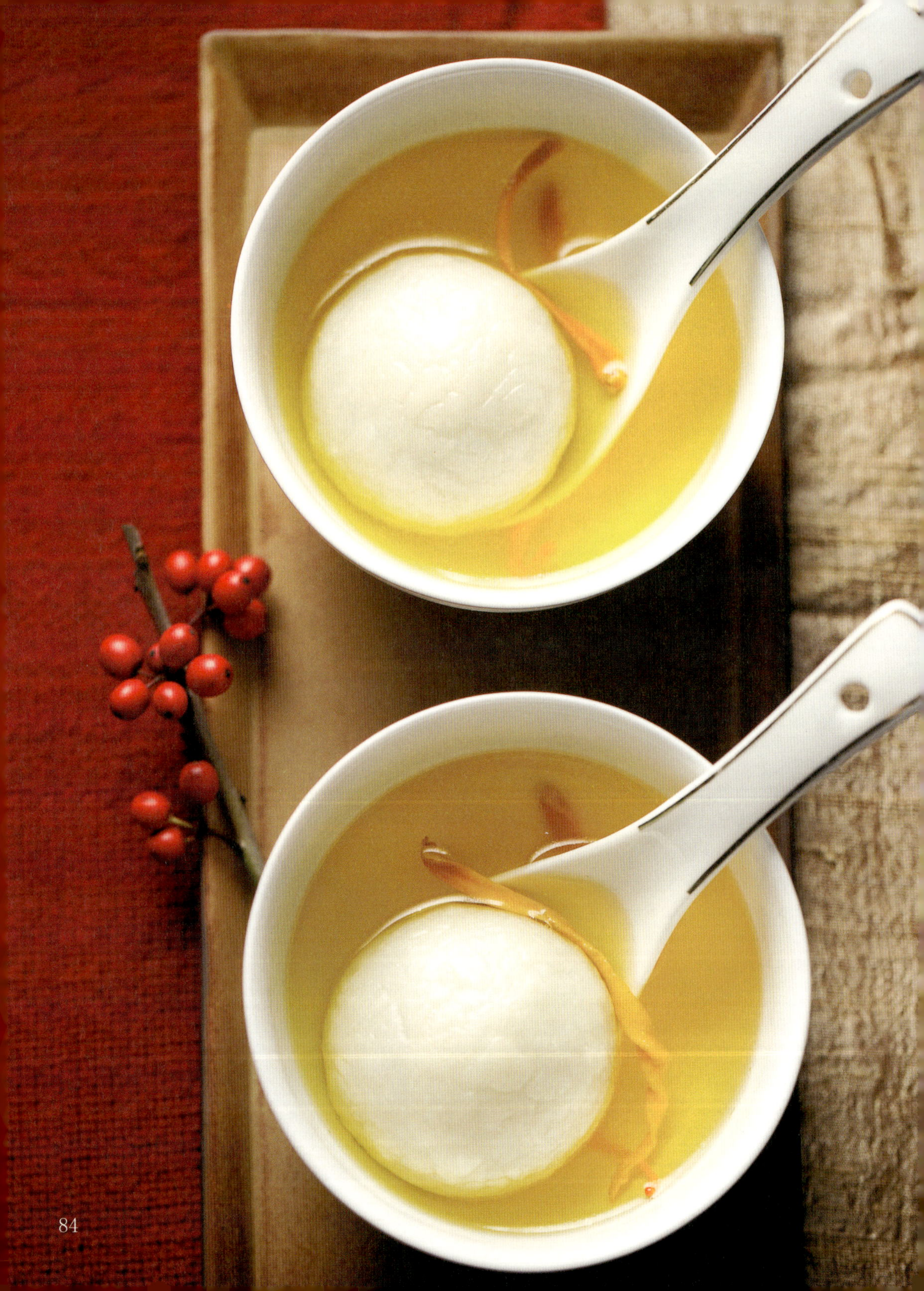

食材 / 12人份

外皮
黏米粉110g 糯米粉110g
纯净水180ml

馅料
大豆蛋白3片 干木耳8g 黄花菜7g
干香菇10g 大头菜40g 胡萝卜60g

汤料
虫草花8g 姜10g 纯净水1.5L

调料
姜2片 植物油2ml 酱油2ml 盐2g

露水汤圆

步骤

1. 准备外皮：将黏米粉、糯米粉混合均匀，倒入90°C左右热水180ml，混合均匀待用。

2. 准备馅料：大豆蛋白泡发、清洗、挤干水分。香菇、木耳、黄花菜泡发洗净。大豆蛋白切成黄豆大小，黄花菜切成米粒大小。其余食材用搅拌机打成米粒大小。

3. 炒馅：
   ① 大豆蛋白炒干水后，放植物油25ml，炒香至呈均匀金黄色出锅。
   ② 香菇炒干水后，加植物油15ml，炒香香菇，将香菇拨至锅边，再加植物油2.5ml，放入黄花菜炒30秒，再与香菇混合炒1分钟出锅。
   ③ 热锅加植物油5ml，加入大头菜，炒1分钟后拨到锅边，再加植物油10ml，炒木耳1分钟左右后将两者混合炒40秒左右出锅。
   ④ 热锅加植物油15ml，炒胡萝卜至变色。
   ⑤ 把炒好的六款馅料倒入锅炒融合后，加盐1.25g、酱油2.5ml调味。

4. 包馅：取30g面为一个剂子，做外皮，每个配12g馅料，包成圆形。

5. 蒸：水开后将汤圆入锅蒸10分钟。

6. 汤料：热锅下植物油，爆姜片，稍微翻炒虫草花，约20秒。加纯净水1.5L，煮开5分钟，加适量盐，出锅分装入碗，放入汤圆即可。

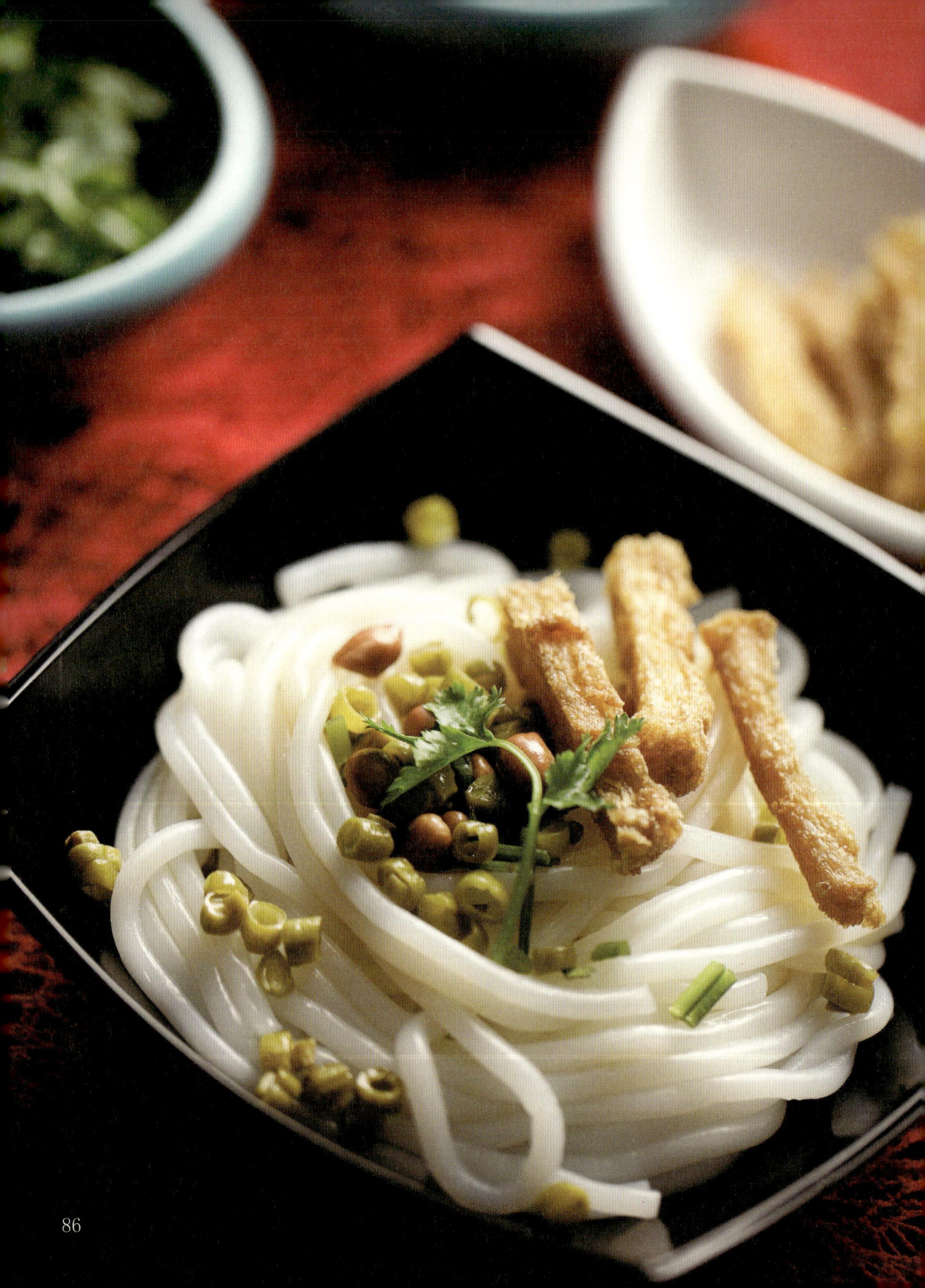

桂林米粉

食材 / 12人份

汤底
生姜20g 海鲜菇100g 干香菇10g
干裙带菜10g 纯净水1.5L

香料
新鲜香茅2g 甘草2g 桂皮2g 八角2g 砂仁2g
丁香1g 干沙姜2g 罗汉果2g 花椒2g

腰果酱
腰果33g 黄砂糖3g 盐0.6g 玉米油5ml

调料
盐30g 素蚝油20ml 玉米油40ml 酱油50ml
老抽30ml

米粉
湿米粉1000g 盐3g 纯净水1.5L

步骤

制作卤水（建议用砂锅）

1. 底汤：干香菇、干裙带菜分别泡发洗净，海鲜菇洗净，生姜洗净切片，食材一起加水入锅。大火煮开后，调小火再熬30分钟，滤去渣备用。

2. 腰果酱：腰果入烤箱，180℃烤10分钟；再混合黄砂糖、盐、玉米油，加入破壁机打碎备用。

3. 香料：食材洗净，装进料包袋。玉米油、酱油、老抽、素蚝油，一起加入底汤中熬制。大火煮开后，转小火熬2小时。再加入腰果酱，轻柔搅拌，小火熬2~3分钟，最后加盐30g拌匀，熬成卤汁约400ml。

煮米粉

1. 水烧开后，加盐、米粉入锅，筷子轻柔搅拌使受热均匀。水再次沸腾后，观察米粉由泛白转为内外基本没有色差，相对透明状，快速出锅沥水，分装入碗。

2. 将卤水倒入米粉内，上面根据喜好撒上酸豆角、花生、豆干等调味即可。

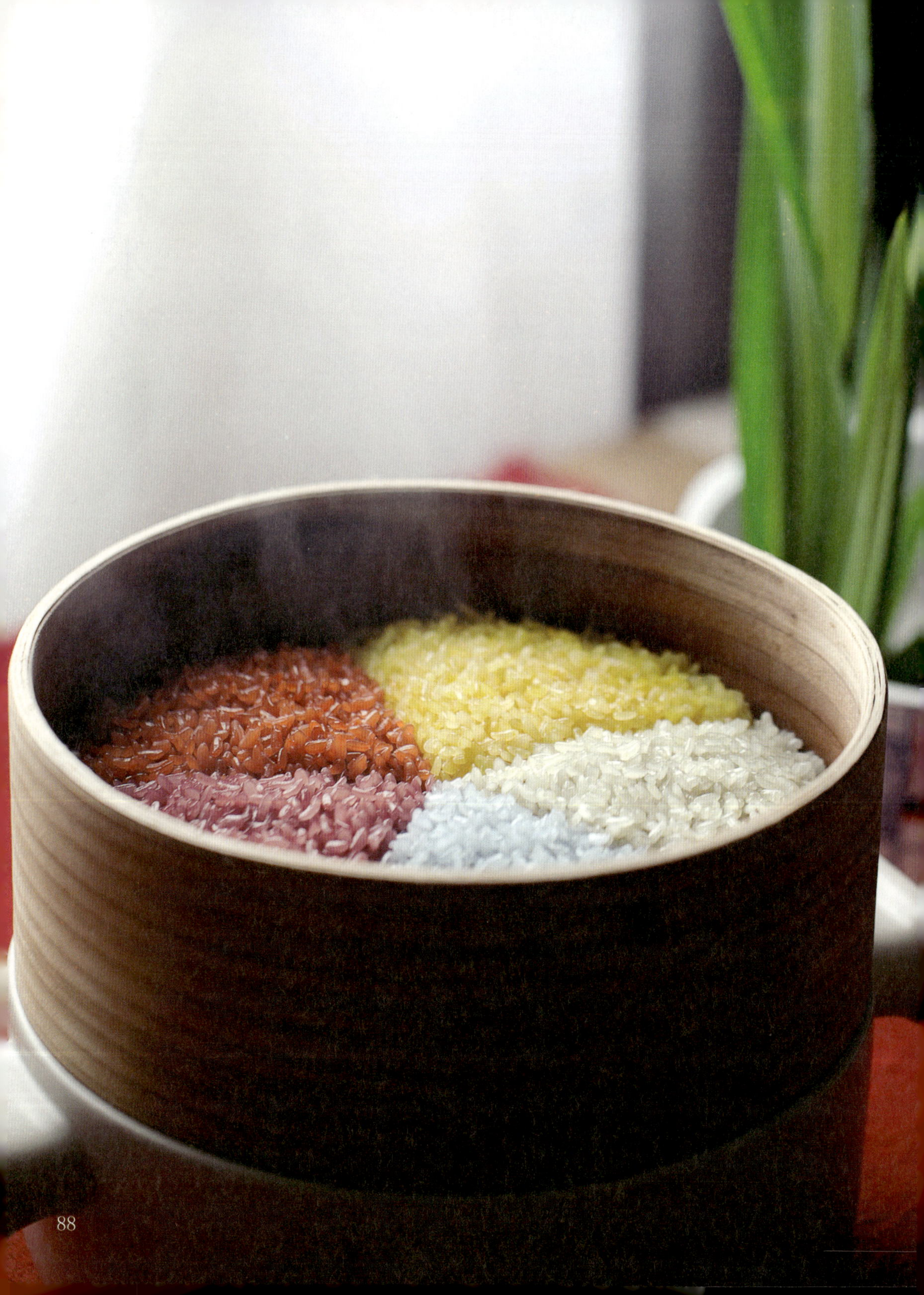

五色糯米饭

食材 / 12人份

干黄栀子1g　新鲜紫蓝草40g　蝶豆花0.4g
新鲜红蓝草50g　糯米500g

步骤

1. 黄色部分：干黄栀子，纯净水250ml，煮升后转小火，再煮3分钟后，捻碎果子，去渣备用。糯米洗净沥水后，取纯净水130ml泡米100g，6～8小时后使用。余下的黄色水，备用于制作绿色水。

2. 紫色部分：新鲜紫蓝草，纯净水400ml，煮开后转小火，煮15分钟后去渣备用。糯米洗净沥水后，取纯净水130ml泡米100g，6～8小时后使用。

3. 绿色部分：蝶豆花用90℃的纯净水100ml泡至花色褪，去渣，配30ml黄栀子的水融合备用；糯米洗净沥水后，取纯净水130ml泡米100g，6～8小时后使用。

4. 红色部分：新鲜红蓝草，纯净水400ml，煮开后转小火，煮15分钟，再泡半小时以上，去渣备用；糯米洗净沥水后，取纯净水130ml泡米100g，6～8小时后使用。

5. 白色部分：糯米100g洗净沥水后，取纯净水130ml浸泡，6～8小时后使用。

6. 蒸饭：把泡好的米放进蒸笼拼盘，盖上盖，大火煮至蒸气上腾后，调中火继续蒸15分钟即可。

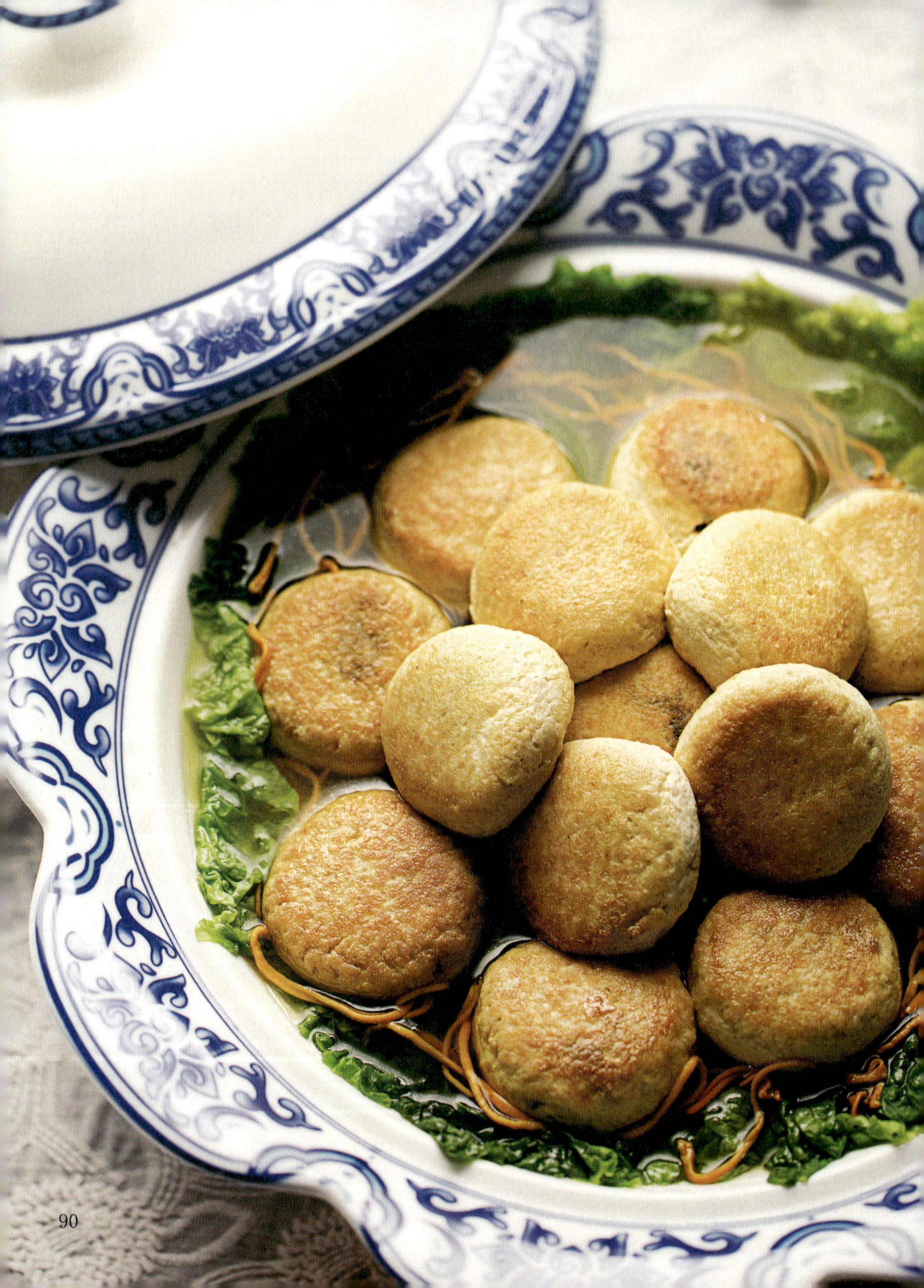

豆腐圆

食材 / 12人份

老豆腐600g　花生碎30g　干茶树菇10g
干香菇15g　去皮马蹄60g　干木耳6g
熟糯米饭40g　胡萝卜35g　卷筒青6片
玉米油55ml　盐6.4g　酱油6.25ml

步骤

1. 食材前期处理：干香菇、木耳、茶树菇泡发洗净，马蹄洗净削皮，依次分三次把茶树菇、香菇、木耳、胡萝卜、马蹄用料理机打碎。

2. 馅料：
   ①将已切好的香菇、茶树菇放入热锅中，翻炒1分钟去除水分，加入玉米油10ml、盐1.3g、酱油1.25ml炒香盛出。
   ②锅内加入玉米油10ml，低温放入木耳翻炒，再放胡萝卜，加入盐1.3g翻炒至熟。
   ③再放入之前炒香的香菇和茶树菇，翻炒融合，最后放入马蹄，加入盐1.3g、酱油5ml，翻炒至马蹄熟便可出锅。
   ④所有馅料充分搅拌融合，揉成20g/个的小丸待用。

3. 处理豆腐：揉碎老豆腐至无明显颗粒状，加入盐2.5g拌匀，分为40g/个的团待用。

4. 包豆腐圆：豆腐团放在手心，轻压扁，放入馅料丸，包成圆形。包好后，可以双手用力均匀地在手心来回抛几下，促进豆腐融合且紧实光滑。

5. 煎豆腐圆：锅内放入玉米油35ml，低温放入圆子，用中火煎至两面金黄即可。

6. 取露水汤圆同一款汤底，水开后加卷筒青煮熟，青菜和豆腐圆摆盘，浇入汤汁即可。

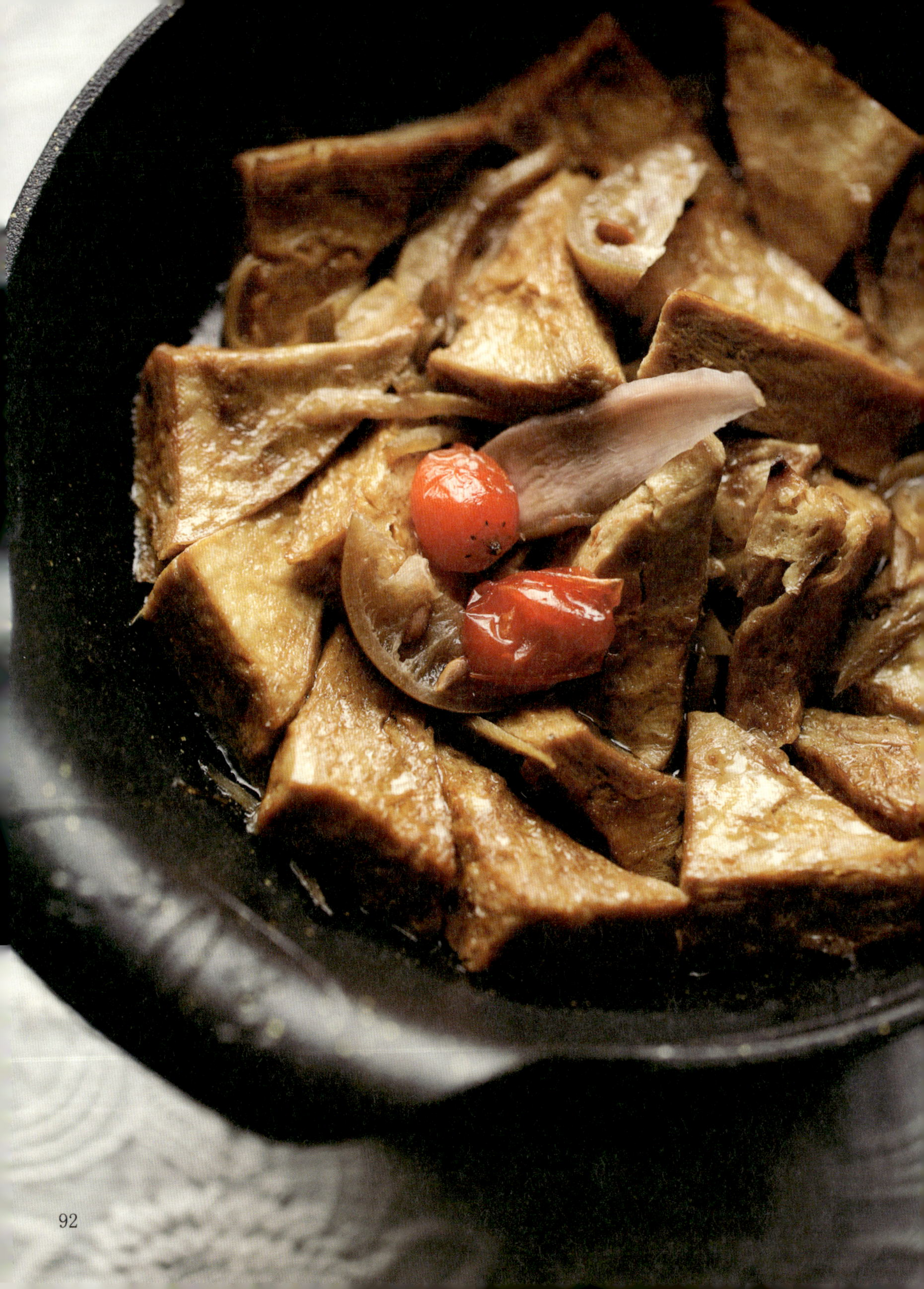

酸姜豆腐煲

食材 / 12人份

冻豆腐270g　咸腌柠檬1/2个　酸姜30g
泡椒10g

调料

黑胡椒粉0.5g　素蚝油30ml　老抽2.5ml
纯净水500ml

步骤

1. 处理食材：冻豆腐切块；柠檬去核切丝；酸姜切丝；泡椒切圈。
2. 配调料汁：纯净水500ml，加素蚝油、老抽、黑胡椒粉拌匀，待用。
3. 煮冻豆腐：在热锅中加植物油20ml，炒香酸姜、泡椒；加入备好的调味汁，大火烧开汤汁；加入冻豆腐、柠檬，大火煮10分钟。
4. 烤制：用锡纸包好所有食材，把锡纸中空气尽量排出，并密封；放入烤箱230℃烤40分钟即可。

食 尚

微察可辨堪舆,
细行可透威仪。
隽逸有节,
清雅有义,
温润有情,
和煦有品,
通透有格,
若一卷「食」画,
娓娓道来。

西素宴

抹茶素蛋糕

茴香七层挞

藜麦油醋沙拉

桃胶水果羹

椰香玉米浓汤

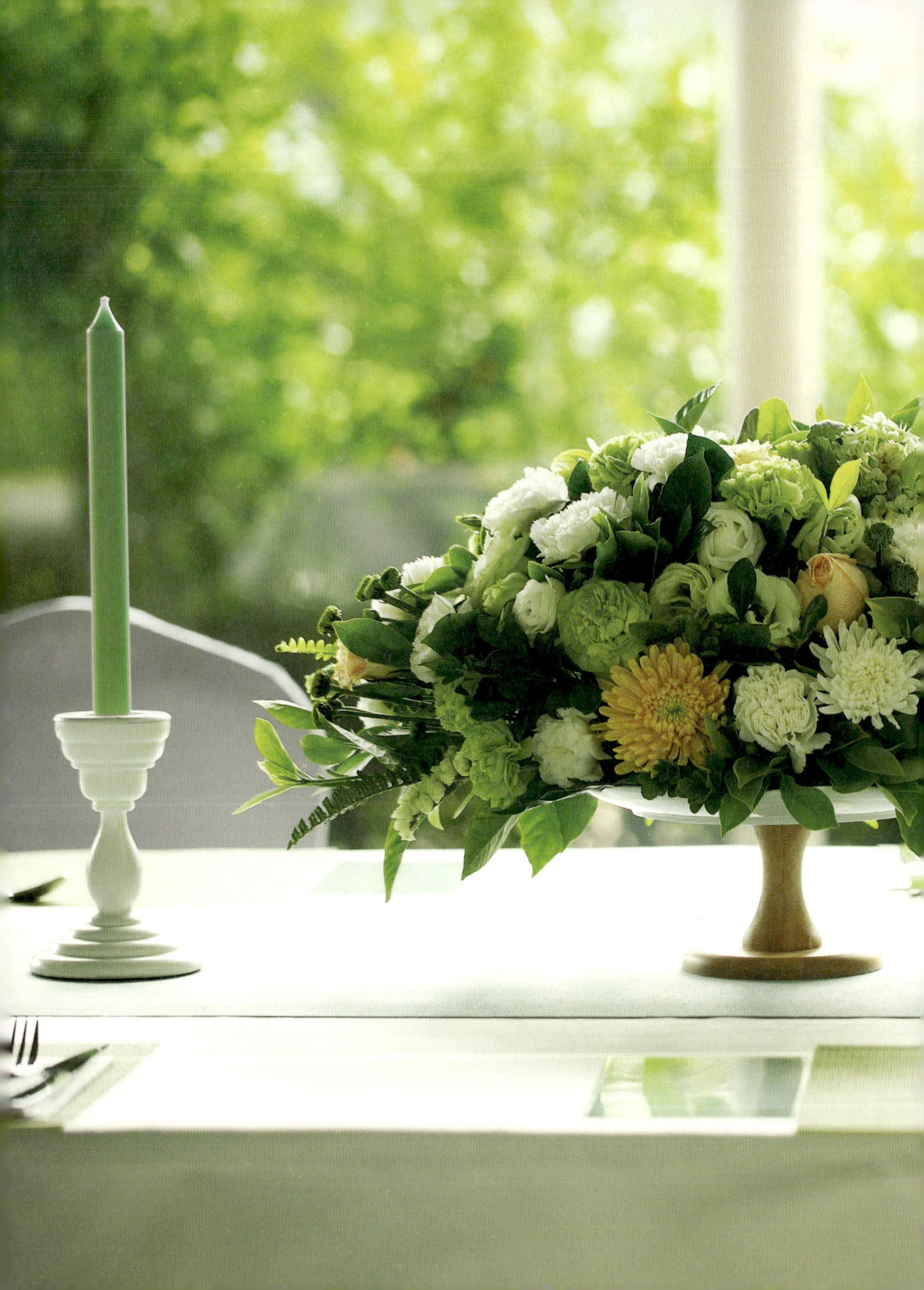

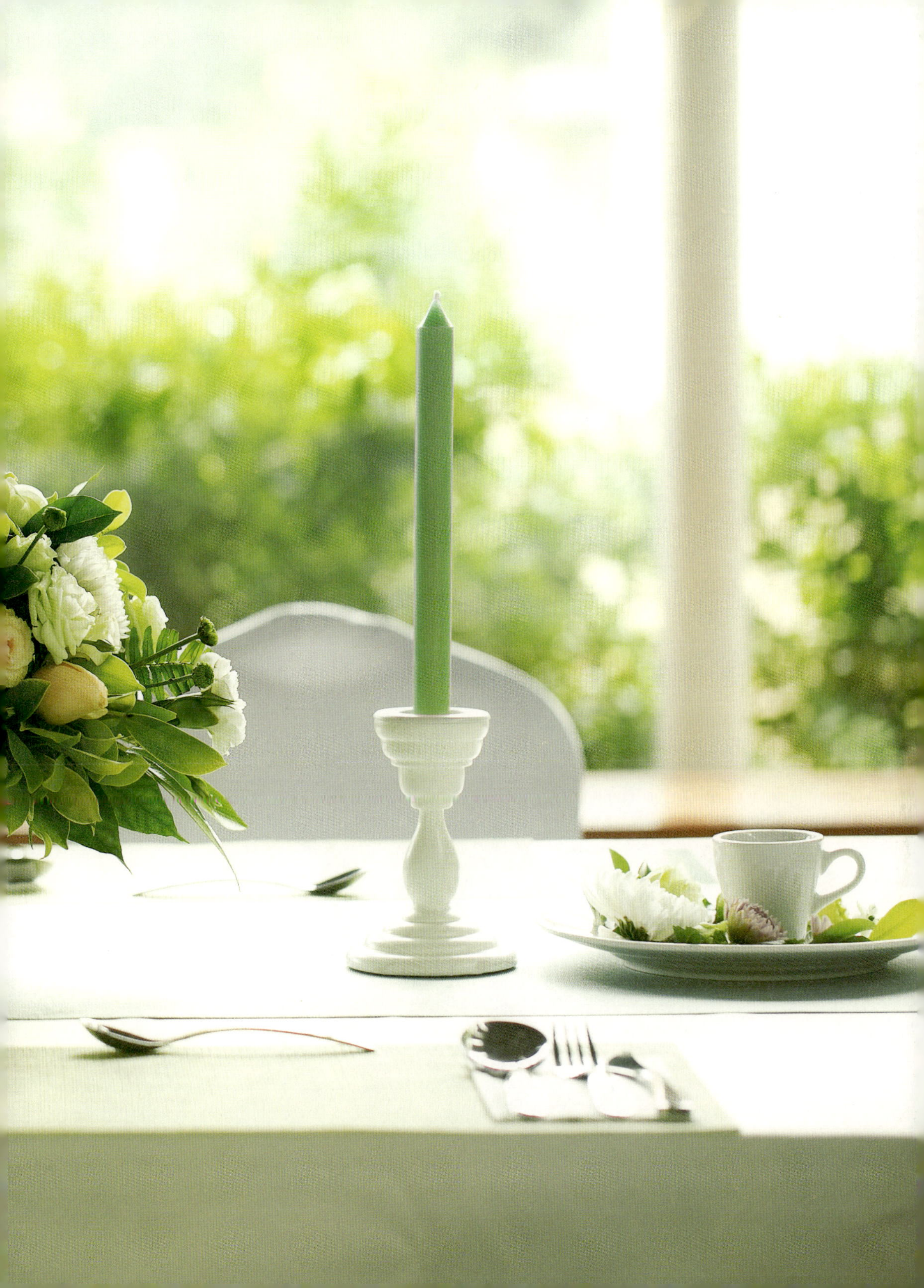

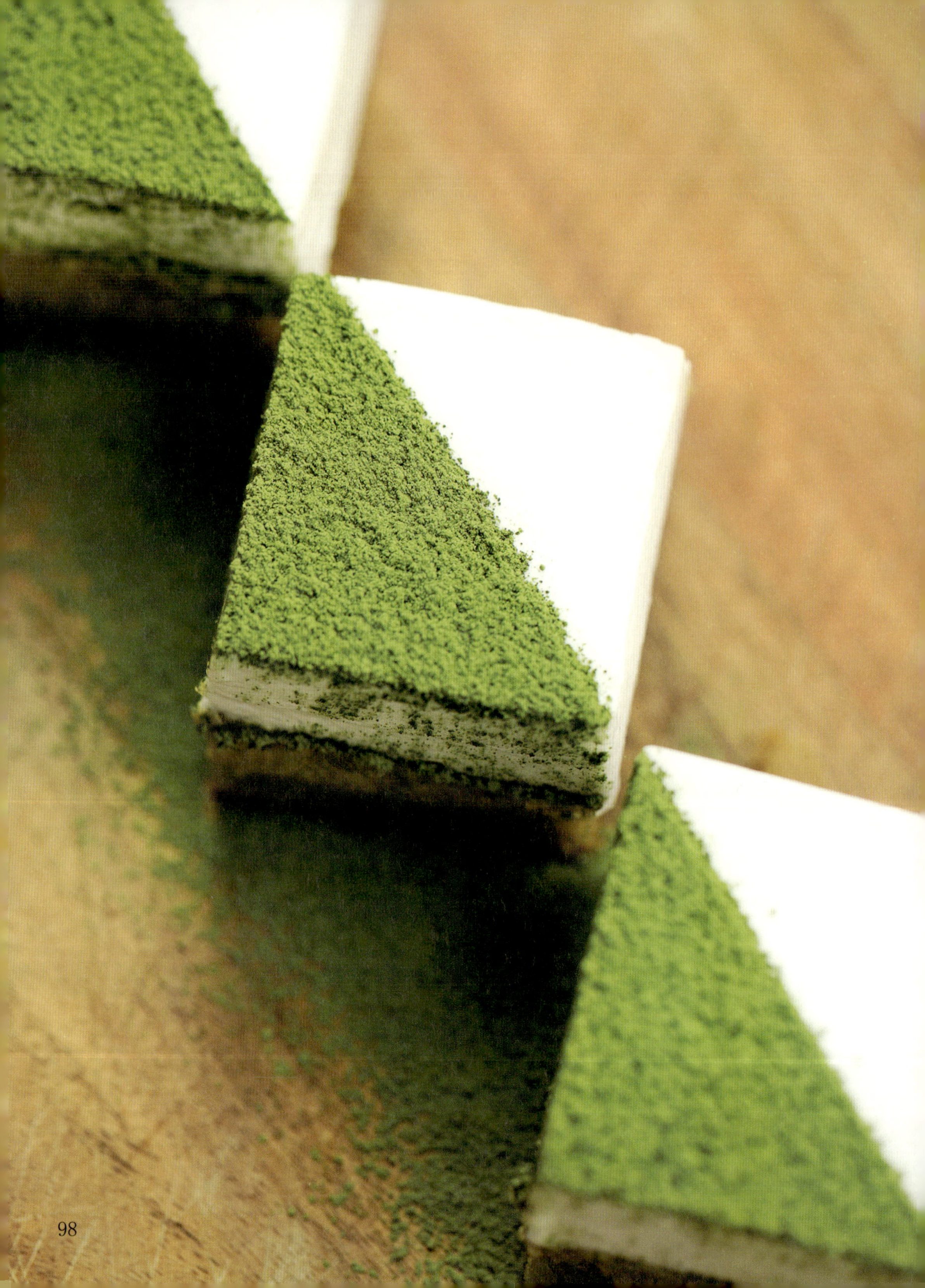

抹茶素蛋糕

食材 / 6英寸

酵母4g　白糖45g　盐1g　低筋面粉166g
抹茶粉2g　泡打粉1.2g　小苏打1.5g　素奶油160g
植物油53ml　温水230ml　白醋2.5ml

步骤

1. 将温水（40°C左右）倒入器皿中，加酵母粉搅拌均匀，依次加入植物油、白糖、白醋，搅拌均匀待用。
2. 将泡打粉和小苏打加入已筛好的面粉和抹茶粉中，放入盐，搅拌均匀待用。
3. 将1和2的材料混合盛入方形烤盘。
4. 将烤盘放在90°C环境中发酵20分钟，直到发酵后体积达到之前的1.5倍左右。
5. 烤箱调至180°C，将发酵好的素蛋糕放入烤箱，烤5分钟后盖上锡纸，继续烤30分钟后取出，晾凉待用。
6. 将素奶油160g打发后均匀抹在素蛋糕上，抹好后均匀撒上一层糖粉。
7. 将素蛋糕切成长和宽各4cm的大小块，用白纸遮盖一半素蛋糕，用筛子均匀撒上抹茶粉。上面放少许煮好的红豆，即可食用。

制作蜜红豆

红豆用水提前泡发一晚。放入电饭锅中加适量纯净水和白砂糖煮熟，煮熟后裹上糖浆提色即可。

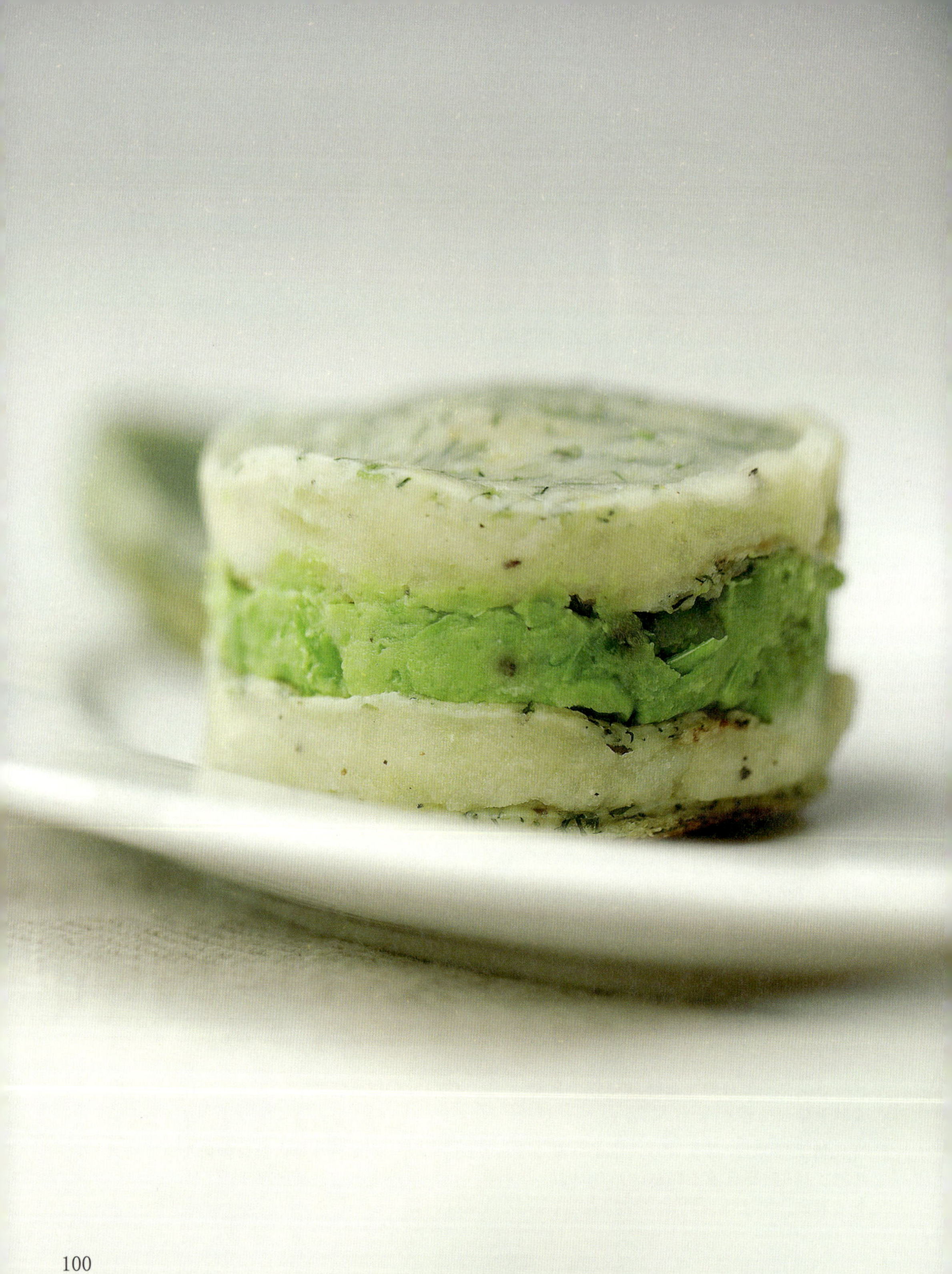

茴香七层挞

食材 / 12人份

茴香饼
面400g 小茴香130g 盐5.5g 姜黄粉0.6g
芝麻13g 蔬菜精0.6g 黑胡椒1g 纯净水870ml

土豆泥
去皮土豆620g 盐2g 黑胡椒粒0.6g
植物油20ml 纯净水适量

豌豆泥
豌豆360g 盐1g 黑糊椒粒0.6g
玉米油6ml 纯净水适量

酱汁
玉米淀粉12g 盐2g 黑胡椒粒1g
酱油12ml 老抽3ml 纯净水240ml

摆盘
熟豌豆12粒 韧豆腐一块 芦笋尖或者秋葵24根
苦菊适量 腰果碎适量 圣女果3个

步骤

1. 茴香饼：面、纯净水、小茴香、盐、姜黄粉、芝麻、蔬菜精、黑胡椒，以上所有食材搅拌均匀，用电饼铛或者平底锅烙饼。

2. 土豆泥：将土豆、植物油、盐、纯净水放入锅内，水开后小火煮10分钟左右土豆变软即可，去水后用"土豆压泥器"捣成泥，放入黑胡椒粒。

3. 豌豆泥：将豌豆、植物油、盐、纯净水放入锅内，水开后小火煮10分钟左右变软即可，去水后用破壁机打成泥，放入黑胡椒粒。

4. 酱汁：玉米淀粉、酱油、老抽、纯净水、盐、黑胡椒粒混合搅拌均匀，开大火煮开后转小火约3分钟熬制成汁。

5. 制作茴香七层挞：1层饼+1层土豆泥+1层饼+1层豌豆泥+1层饼+1层土豆泥+1层饼，依次叠加。（每层土豆泥20g、豌豆泥20g。）

6. 发挥创意，西式摆盘，即可。

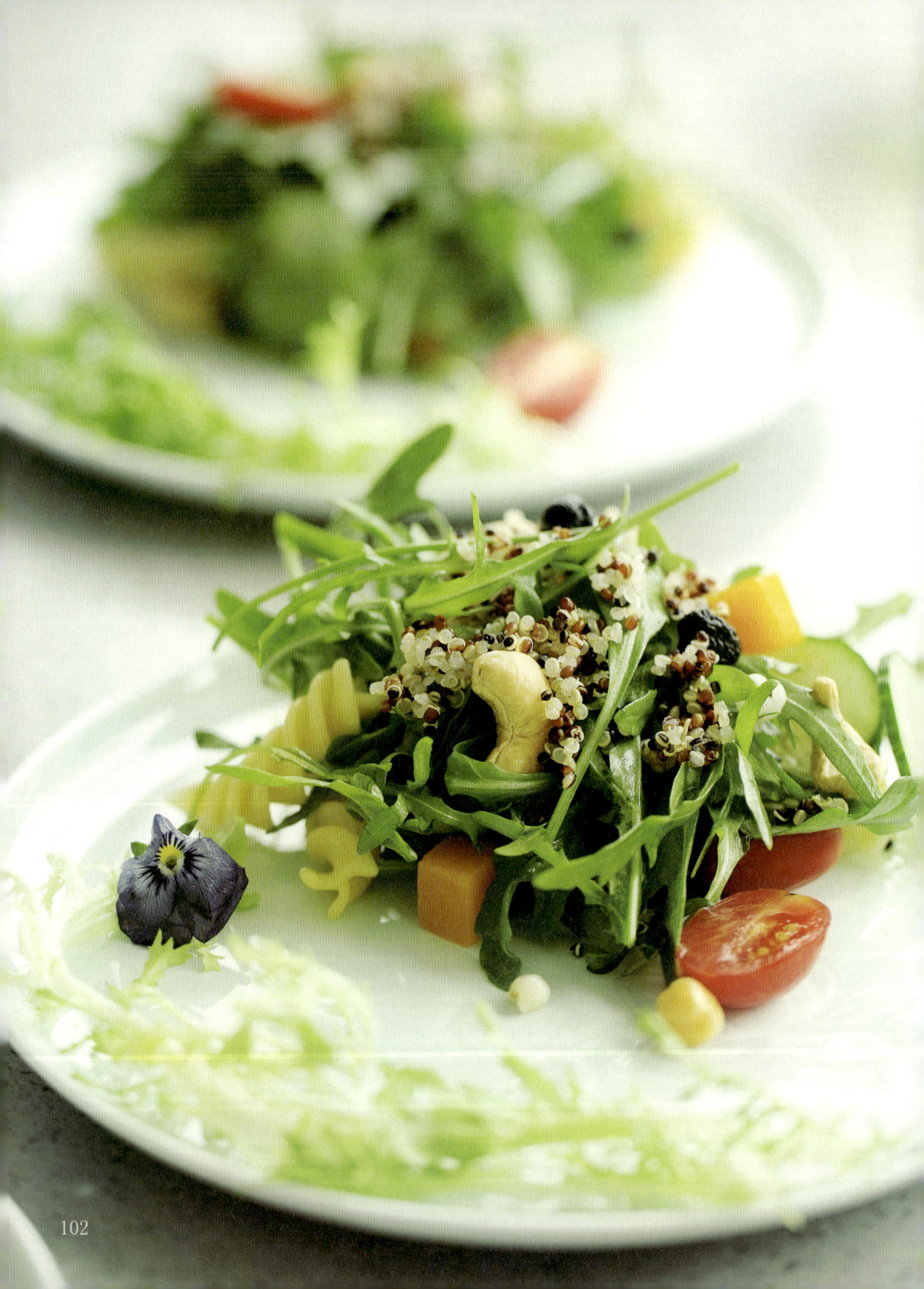

藜麦油醋沙拉

食材 / 1人份

螺丝意粉5条　鹰嘴豆5粒　薏米3g　干藜麦4g
腰果3粒　蓝莓干3粒　苦菊或者芝麻叶20g
圣女果2个　黄瓜3片　南瓜3块　香椿苗或苦菊
鲜花1朵

油醋汁 / 6人份
白糖4g　盐5g　黑胡椒碎1.5g　橄榄油25ml
糯米香醋10ml　小青檬汁6ml

步骤

1. 将鹰嘴豆、薏米提前一天浸泡，泡好后待用。锅中加纯净水烧开，放入适量盐、橄榄油，将鹰嘴豆、薏米和螺丝意粉一起放入锅中，煮15分钟。

2. 藜麦提前1小时浸泡。锅中加纯净水烧开，放入适量盐、橄榄油，将泡好的藜麦放入，煮10分钟。

3. 芝麻叶和苦菊洗干净后用厨房用纸吸干水，滴少量橄榄油拌匀待用。

4. 南瓜切小块，在沸水中煮约1分钟出锅待用。

5. 黄瓜切片；圣女果切两半待用。

6. 调油醋汁：将挤汁后的柠檬皮切碎与小青檬汁、橄榄油、糯米香醋、白糖、盐、黑胡椒碎，整体混合调成汁。

7. 摆盘：将食材创意摆盘，用餐时把调好的油醋汁淋在上面即可。

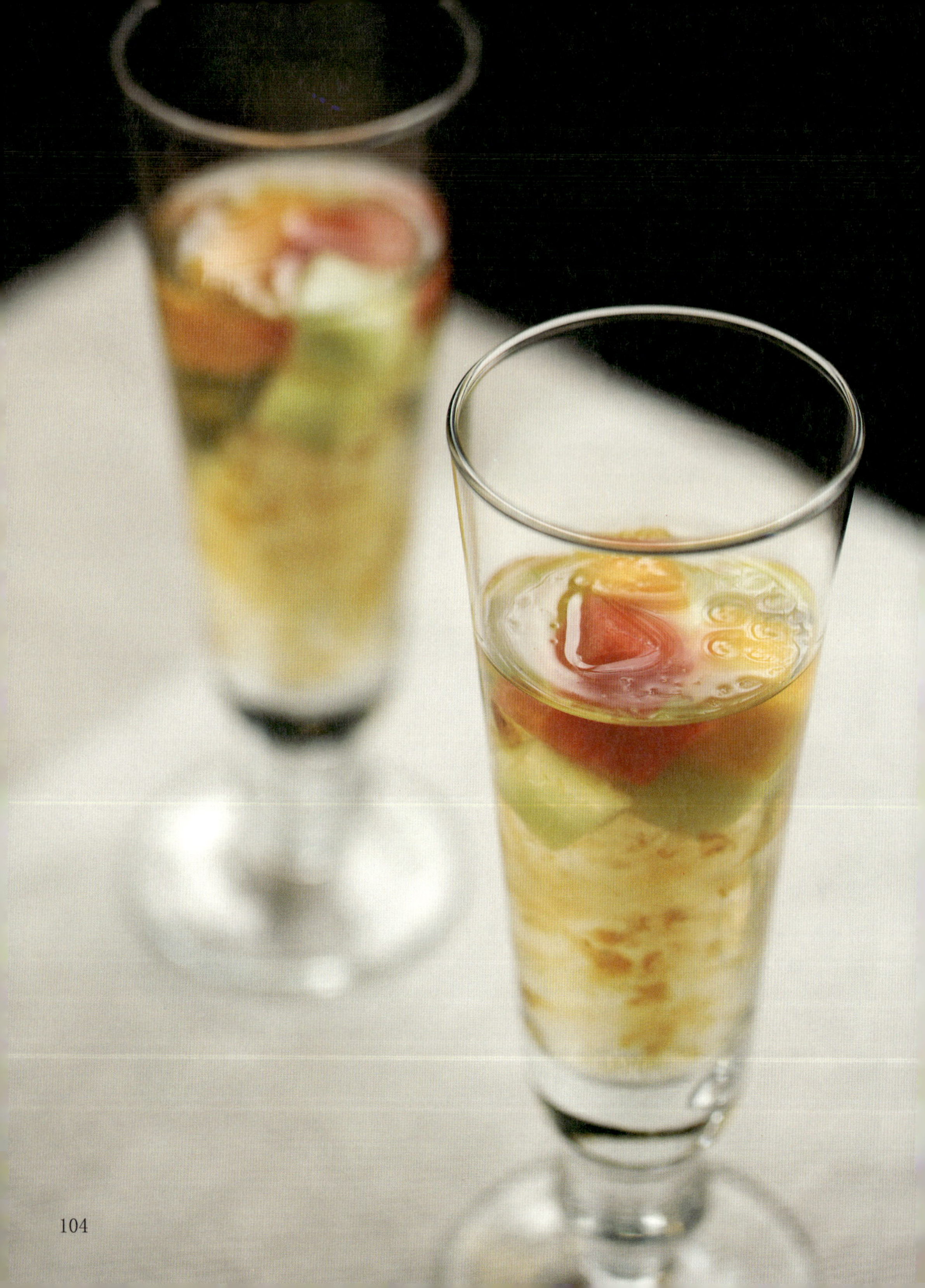

桃胶水果羹

食材 / 1人份

桃胶5g　黄冰糖10g
青瓜2块　芒果2块　西瓜1块

步骤

1. 桃胶浸泡约12小时。
2. 将纯净水和桃胶一起放入锅中，大火烧至水沸腾后转小火，小火熬制约2小时关火，过程中注意不时搅拌，防止桃胶粘底。
3. 关火前约15分钟放黄冰糖。
4. 待桃胶羹微凉后，盛入杯中，放入切好的适量水果粒即可。（水果每杯用量：青瓜3块、芒果2块、西瓜1块，每块约1.5cm厚。）

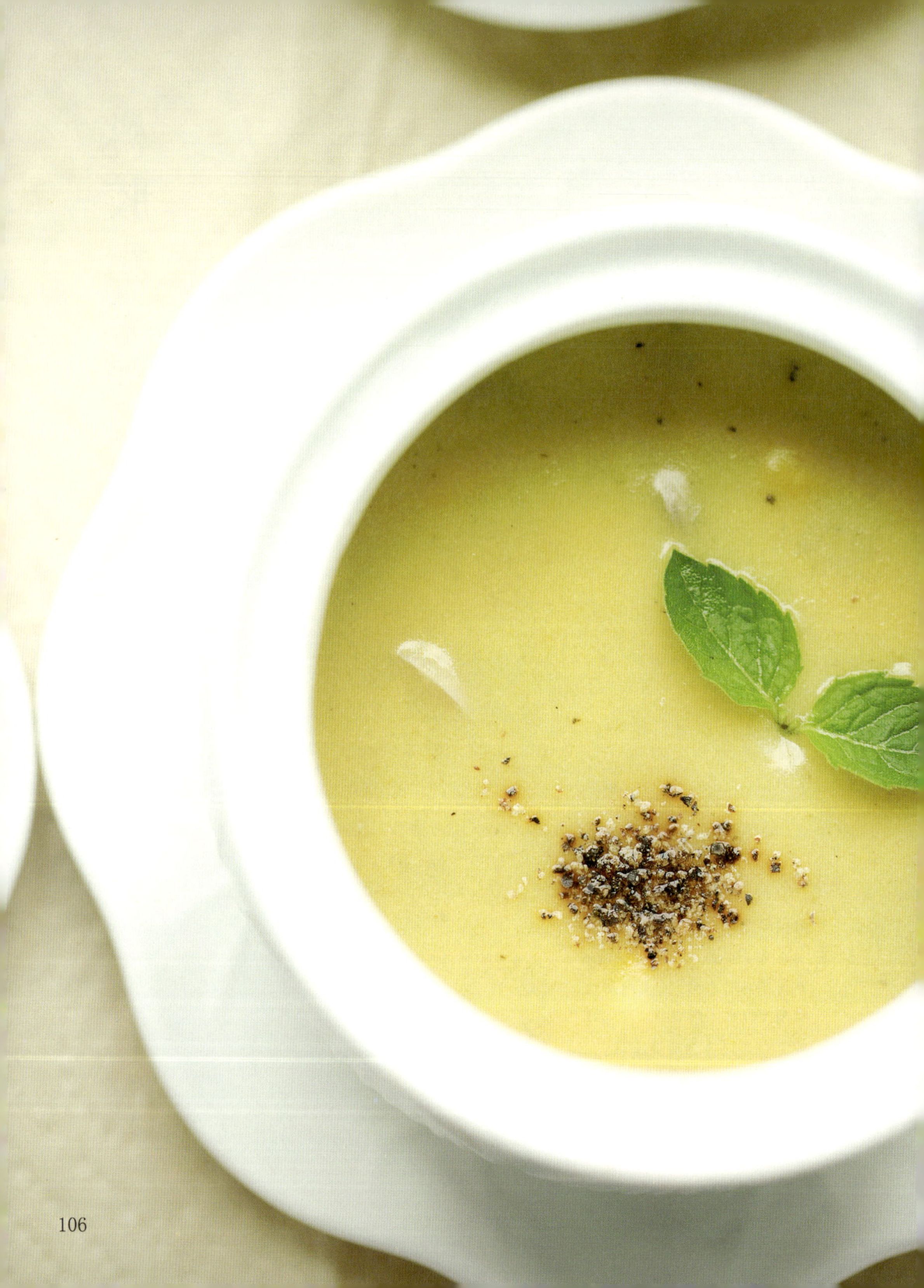

椰香玉米浓汤

食材 / 12人份

甜玉米粒700g 口蘑250g 面粉50g
纯素黄油60g 黑胡椒碎 盐10g
椰浆300ml（或两包椰子粉+开水300ml）
纯净水1.5L

素黄油

豆浆粉30g 苹果醋 6g 大豆卵磷脂 45g
椰子油375ml 植物油 75ml 纯净水120ml

步骤

1. 将甜玉米粒和纯净水打成玉米汁。
2. 将口蘑用水冲洗干净，用厨房用纸擦干后，切成薄片。
3. 热锅放入提前制作好的素黄油30g至融化，放入口蘑片煸炒至干，放盐2g、黑胡椒碎，盛出待用。
4. 热锅再放入素黄油30g融化，放入面粉炒香，加入椰浆300ml，搅至无疙瘩。
5. 将已打好的玉米汁倒入锅中，煮开至浓稠，加入盐8g，黑胡椒碎2g和已炒好的口蘑，搅拌均匀。
6. 盛入汤盅，撒入少许黑胡椒碎，加入一片薄荷叶即可。

制作素黄油

1. 豆浆粉与水充分混合后加入苹果醋搅拌。
2. 再分别加入椰子油与植物油，用破壁机高速搅拌60秒。
3. 最后放入大豆卵磷脂，再高速分开搅拌两次，每次60秒。
4. 将成品（约650g）盛出放入冰箱冷冻待用。

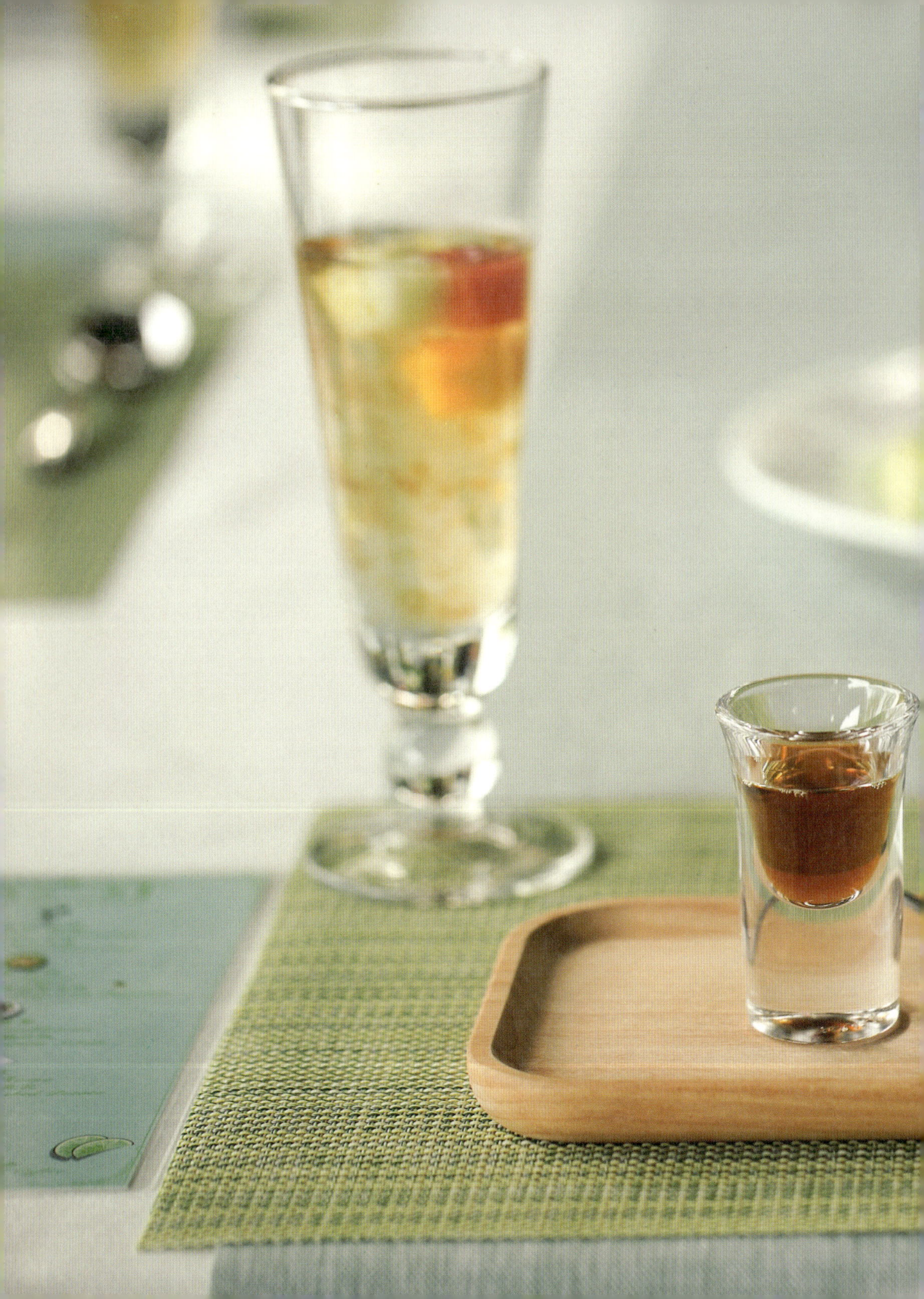

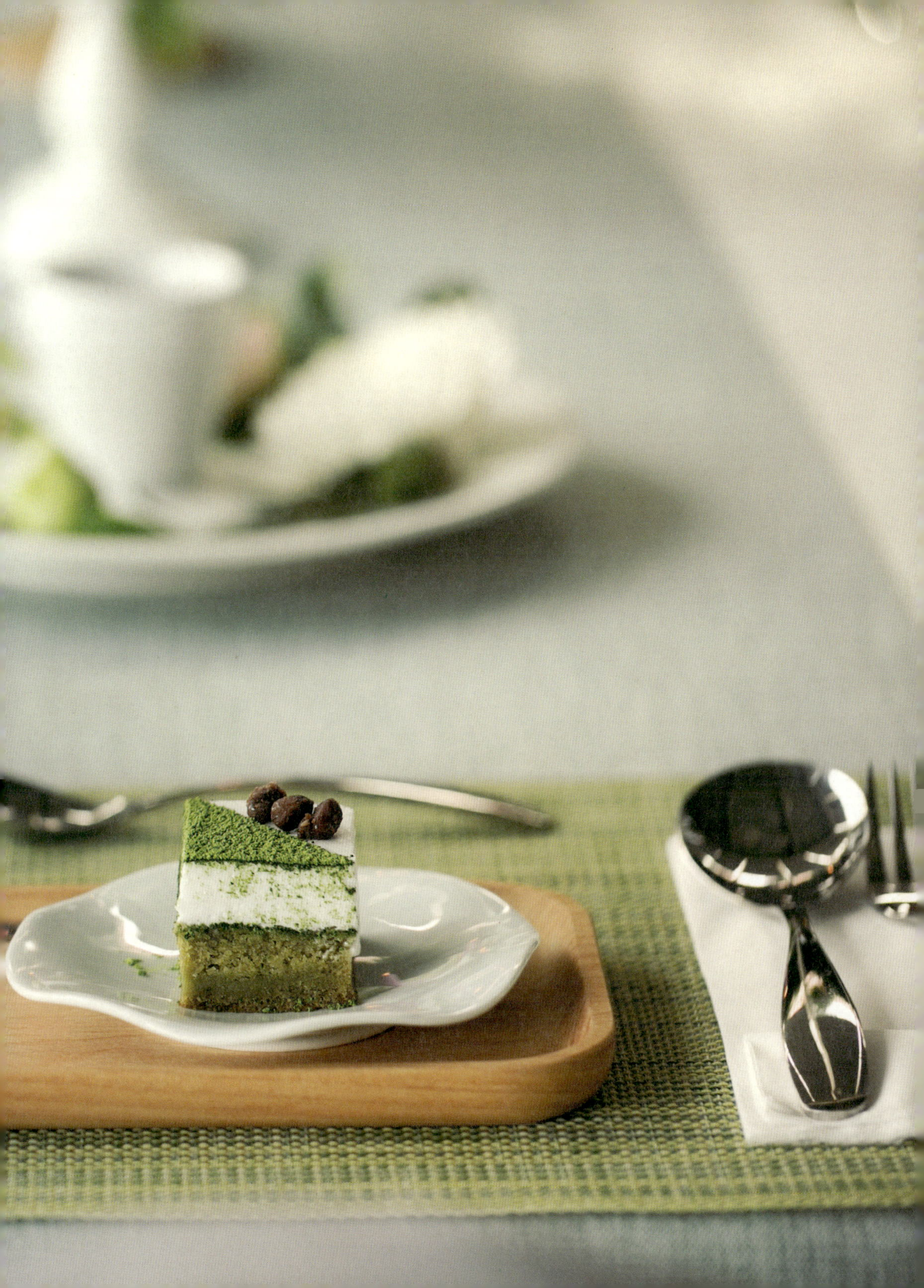

金色的,今天

今天,不仅仅只限于时间意义上的一日。
今天,注定不凡。

黑暗被渐渐驱逐,
圣光照耀,真理示现,
人类文明之路,遍洒金辉。

感今日之蒙恩,怀仰望之谦卑,
为纪念而做的食物,格外恭谨。

呈于金钵,少食而精,
美与美味,兼得合一。

《旧约·箴言》中说:
以智慧立地,以明理定天,
使深渊裂开,天降甘露。
谨守智慧与清明,
不要叫它离开你。
它必在命运的颈项,妆点你的生命。

在今天,今时,
在我们所拥有的时光里,
用我们一切的目之所及,
去寻那金色的道路。

韩素圣诞宴

土豆饼

橡子糕

沙参手卷

泡菜年糕

海葡萄

石锅拌饭

神仙炉

韩式米糕

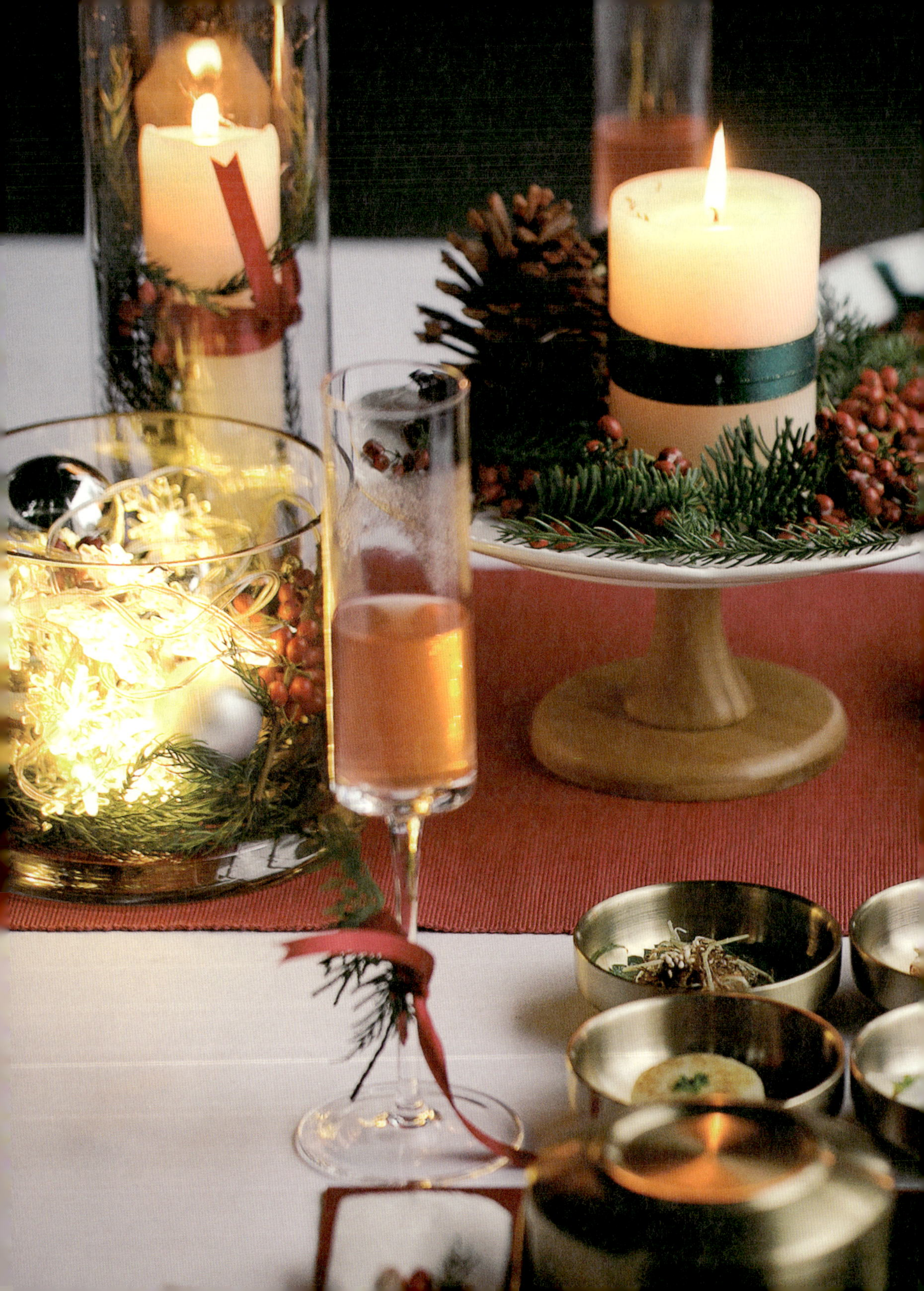

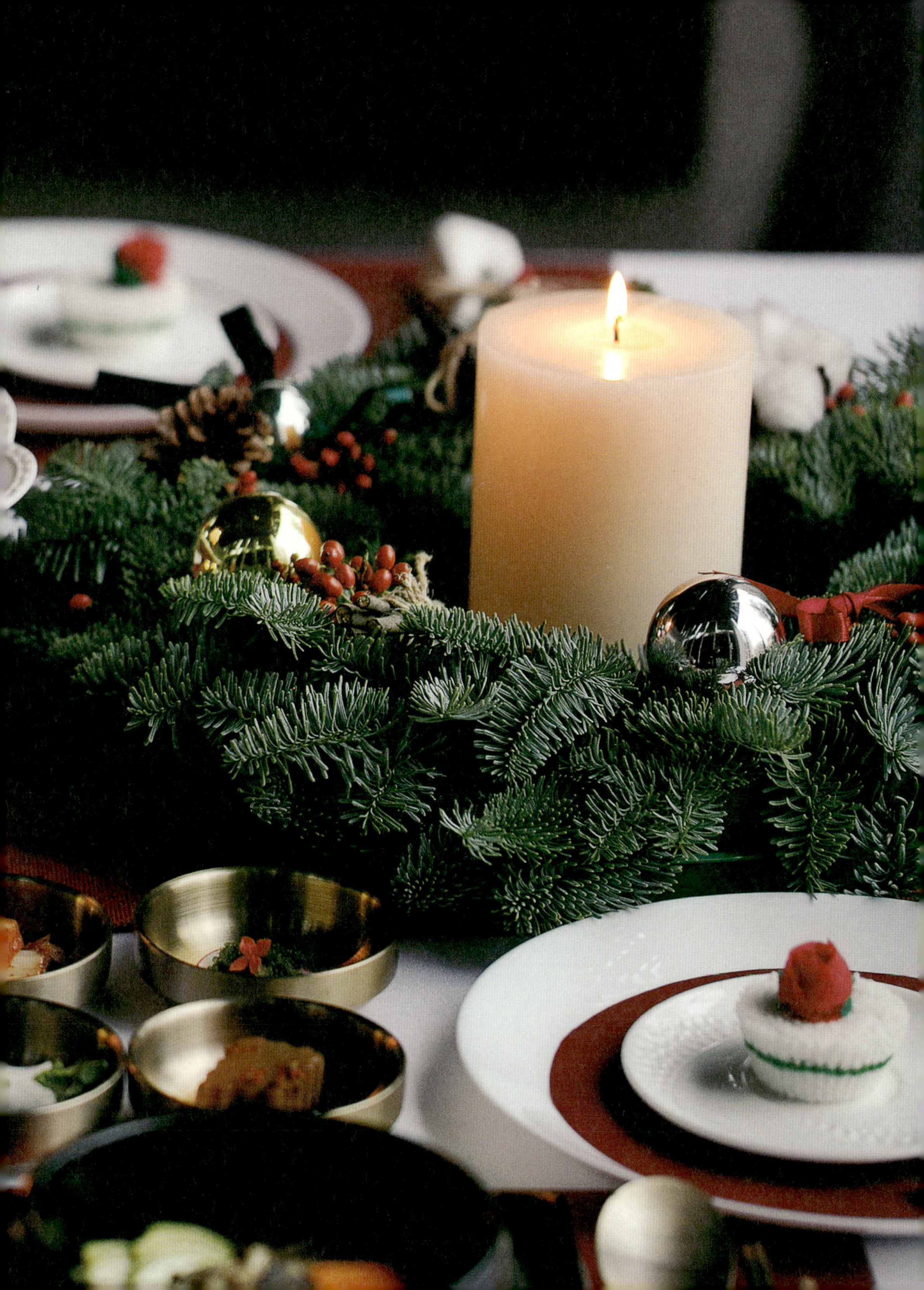

114

土豆饼

食材 / 12人份

土豆600g 盐4g 植物油3ml

步骤

1. 将土豆去皮擦蓉，放适量盐，迅速搅拌均匀，用滤网滤掉多余水分。
2. 锅内放植物油(稍多些)，放入一小勺约50g的土豆泥，持两把硅胶铲塑型成圆饼形。
3. 两面煎至微焦黄，中间无白色泥，铲出装盘即可。

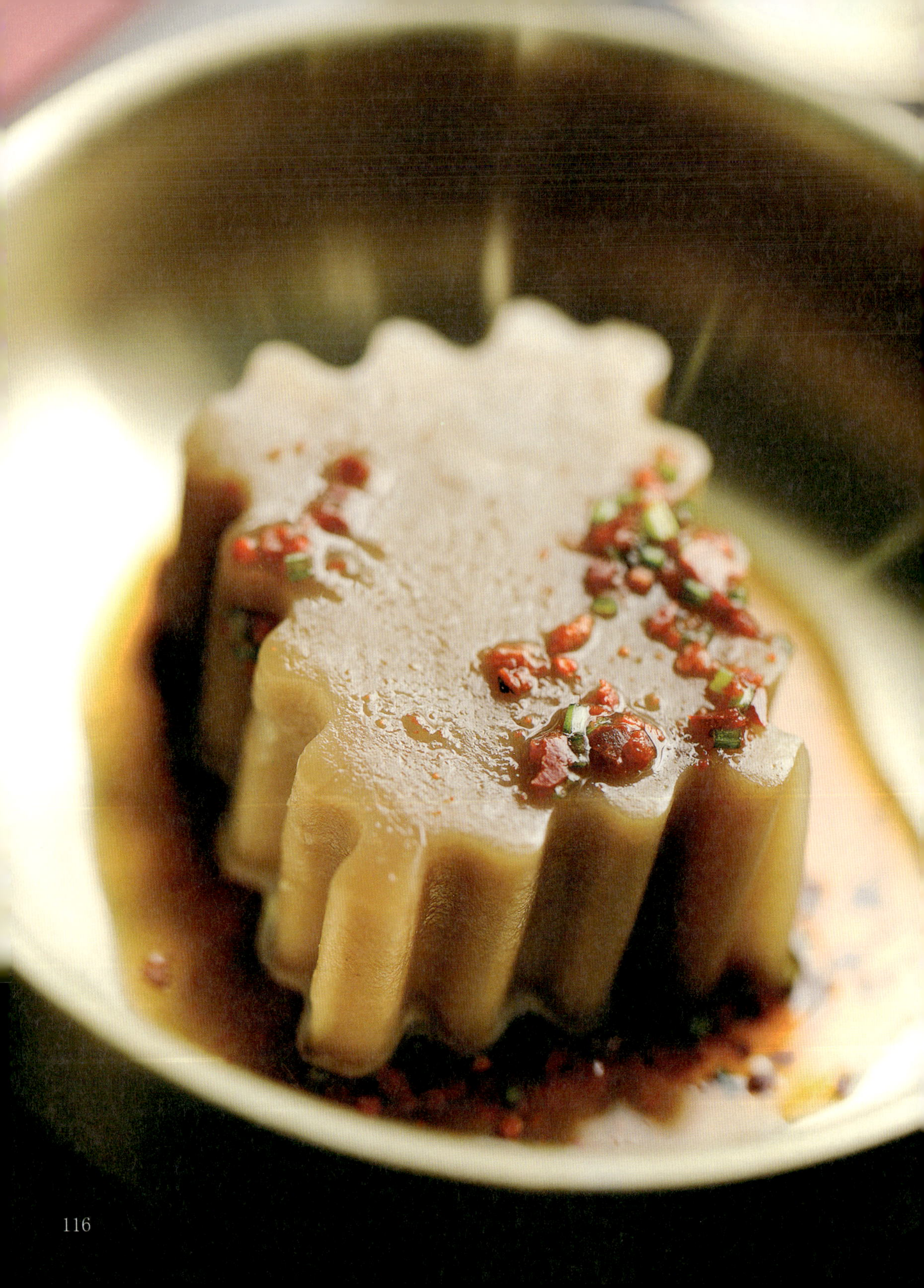

橡子糕

食材 / 12人份

橡子粉100g　纯净水800ml

蘸料 / 1人份
香菜梗碎　辣椒粉1g　芝麻油2滴
糖浆5ml　酱油20ml

步骤

1. 橡子粉倒入不粘锅内，加纯净水融合。中火烧开至无泛白状态后，调小火熬制3分钟，过程中不断搅拌。

2. 准备一个长方形器皿，底部刷油，将熬制好的橡子糊倒入，轻轻震动使中间没有空隙，然后将表面刮平。

3. 自然放置冷却后脱模，按照所需形状切块（建议厚度3~4cm）。

4. 淋上蘸料即可。

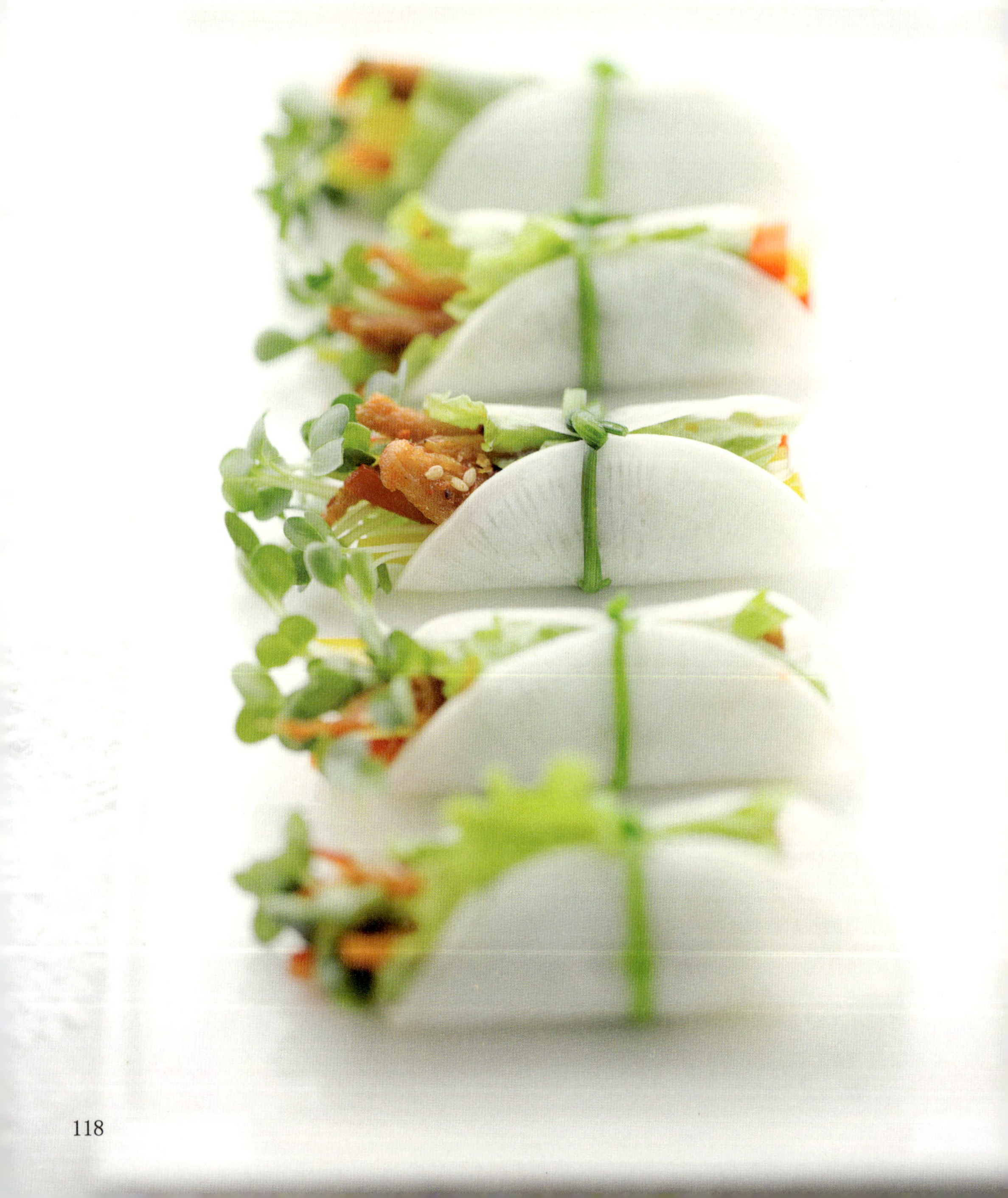

沙参手卷

食材 / 12人份

白萝卜24根　生菜叶12片　萝卜苗48根
红椒24根　黄椒24根　纯素沙参24根
香菜杆12根

步骤

1. 将中等均匀的白萝卜擦成薄片12片；剪取与萝卜片大小相似的生菜叶；红、黄椒各切24根细条（长度约为萝卜片的2/3）；准备沙参24根；香菜杆用开水烫软。

2. 每份手卷取白萝卜1片；铺上生菜1片；再放上萝卜苗5~6根、红黄椒各2根、沙参2根，卷起后用香菜杆系好即可。

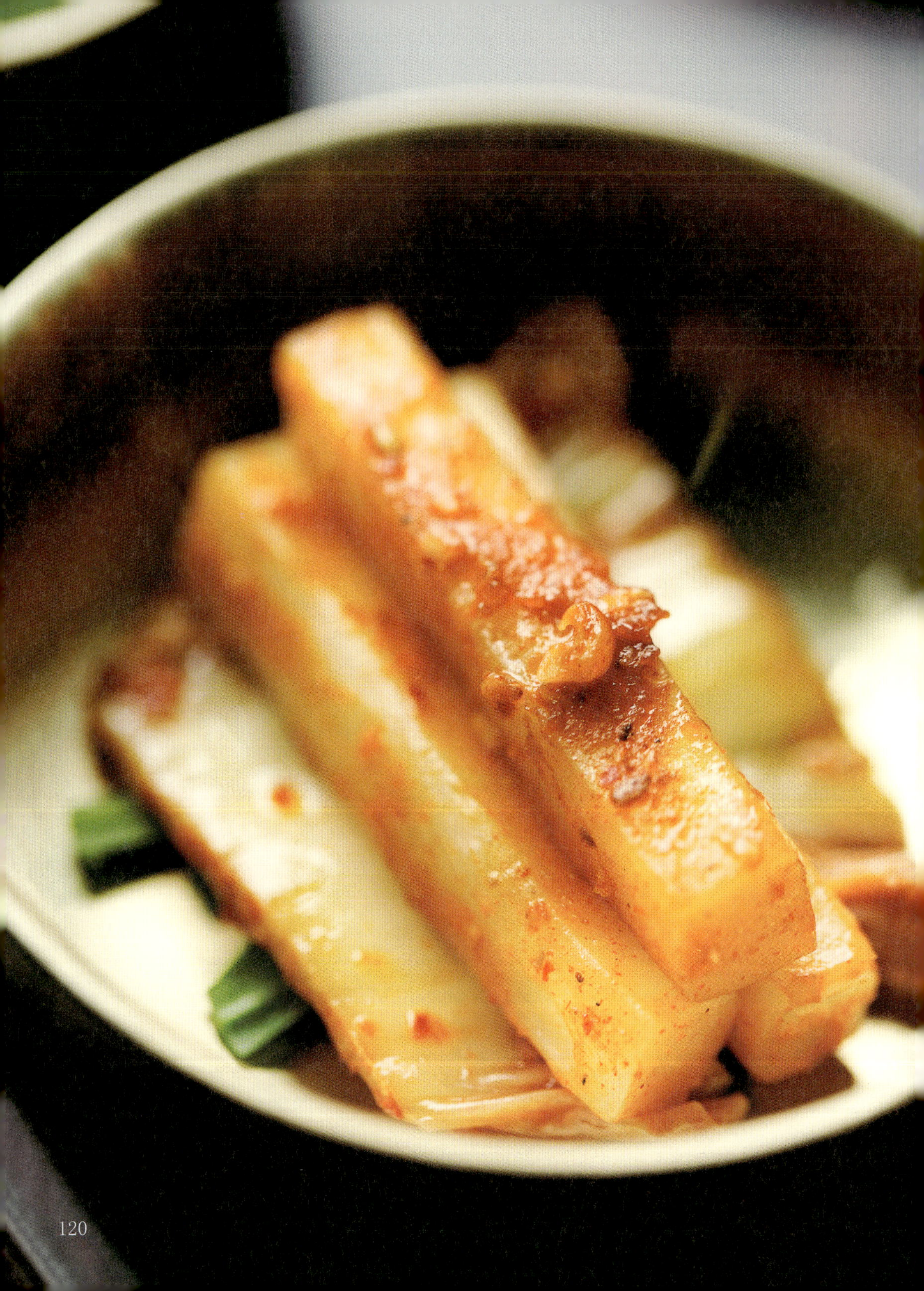

泡菜年糕

食材 / 12人份

纯素泡菜24片　年糕36根　纯素拌饭酱30g

步骤

1. 在锅内放纯净水烧开，放入年糕煮3分钟后滤水捞出待用。
2. 在空锅内加纯净水60ml，加入拌饭酱30g，煮开，放入年糕炒至均匀柔软，出锅。
3. 将锅洗净，锅内放少量植物油，将泡菜炒至稍软。
4. 将泡菜放在底部，摆上炒好的年糕即可。

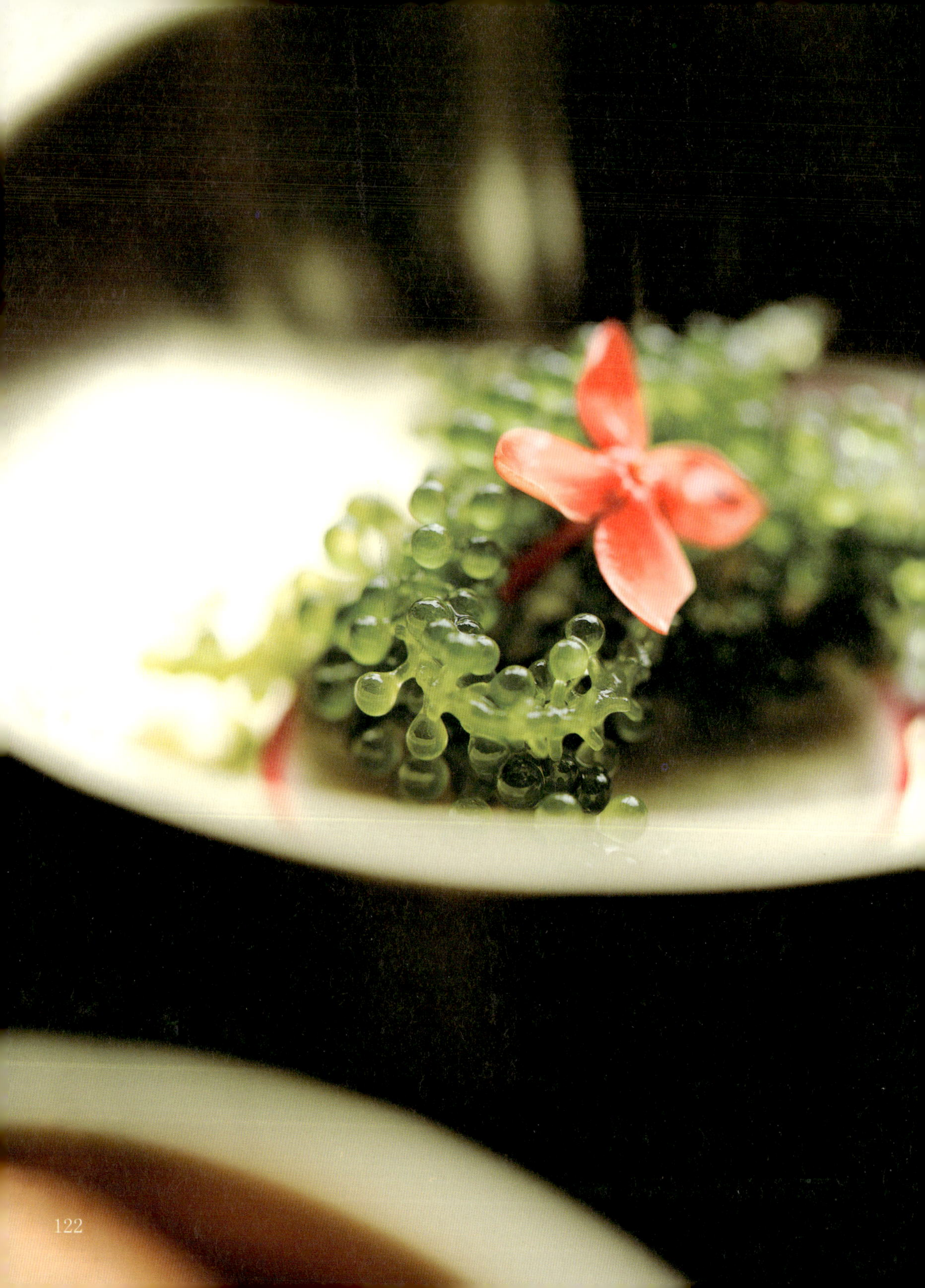

海葡萄

食材 / 12人份

盐渍海葡萄24克　樱桃萝卜12个
芥末少许　酱油12ml

步骤

1. 将盐渍海葡萄放入纯净水中浸泡约5分钟，待泡开至透明状，换水清洗一次。
2. 将樱桃萝卜刨薄片垫在底部，海葡萄盘旋铺在樱桃萝卜上，调制好芥末、酱油，吃之前蘸少许调料即可。

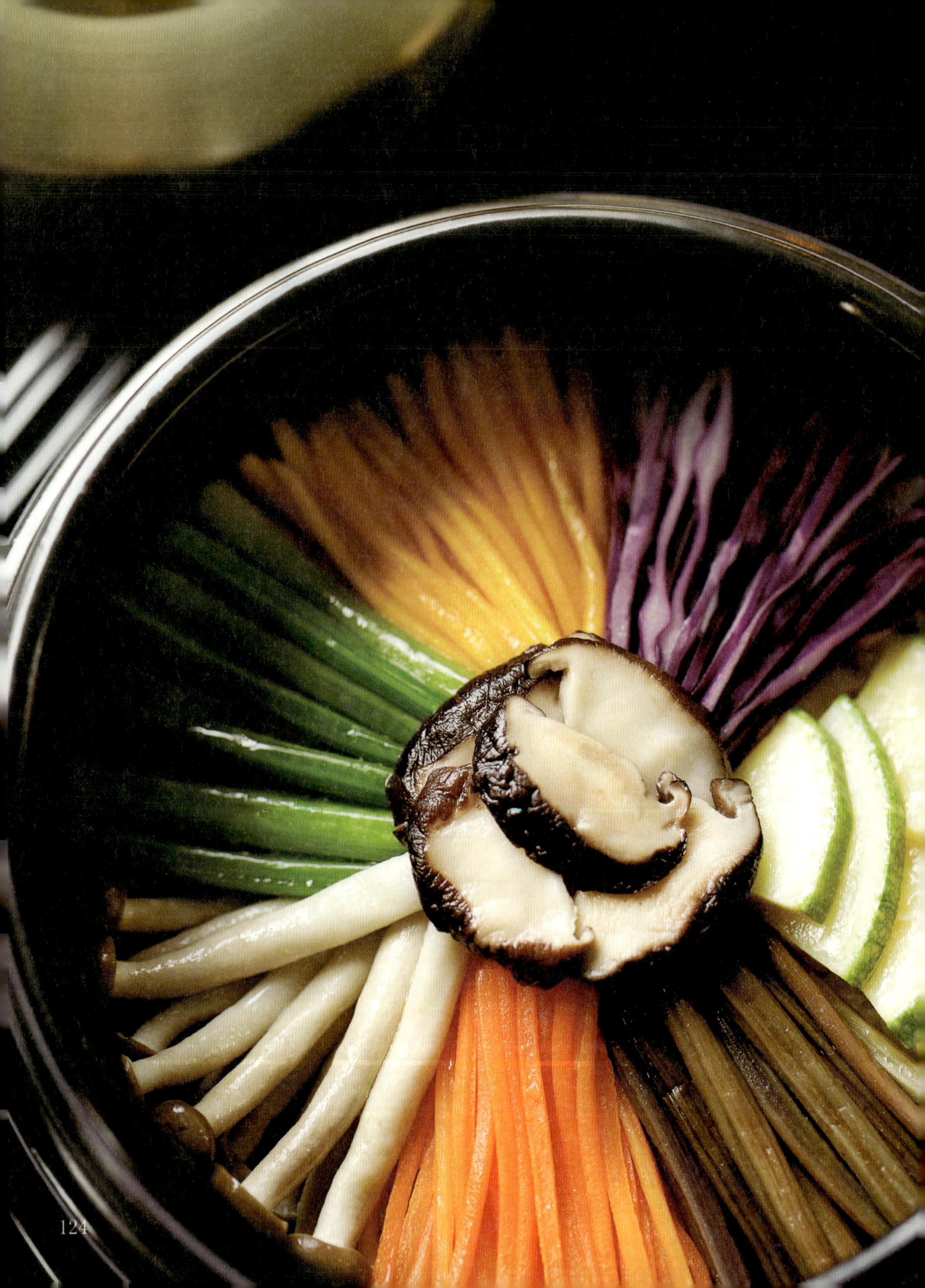

石锅拌饭

食材 / 12人份

大米60g　胡萝卜15g　蟹味菇35g
干蕨菜2.5g　干香菇2个　紫甘蓝5g
西葫芦20g　菠菜20g　南瓜20g

步骤

准备食材

1. 西葫芦切扇形片状。分别备长度约6cm的胡萝卜丝、南瓜丝、紫甘蓝丝、菠菜和蟹味菇。
2. 干香菇泡发后挤干水分，切片。
3. 蕨菜提前一天泡发，剪至长度约6cm，水煮20分钟至软。

炒菜

1. 将西葫芦片、南瓜丝、胡萝卜丝和蕨菜加入少许植物油、盐分别炒至八分熟。
2. 蟹味菇入锅煸干水，加入少许植物油、盐炒出香味起锅。
3. 香菇片入锅煸干水，加入少许植物油、盐炒出香味起锅。
4. 水烧开后放入姜丝，加少许植物油、盐，将菠菜烫2分钟后捞起，稍稍挤干水分。

摆盘

1. 石锅内刷芝麻油，将米饭放入石锅内轻轻铺匀（不要压实）。
2. 将8种食材分别摆入石锅，颜色深浅搭配，再撒上白芝麻碎。
3. 石锅放小火上烤3分钟即可，最后放入拌饭酱拌均即可。

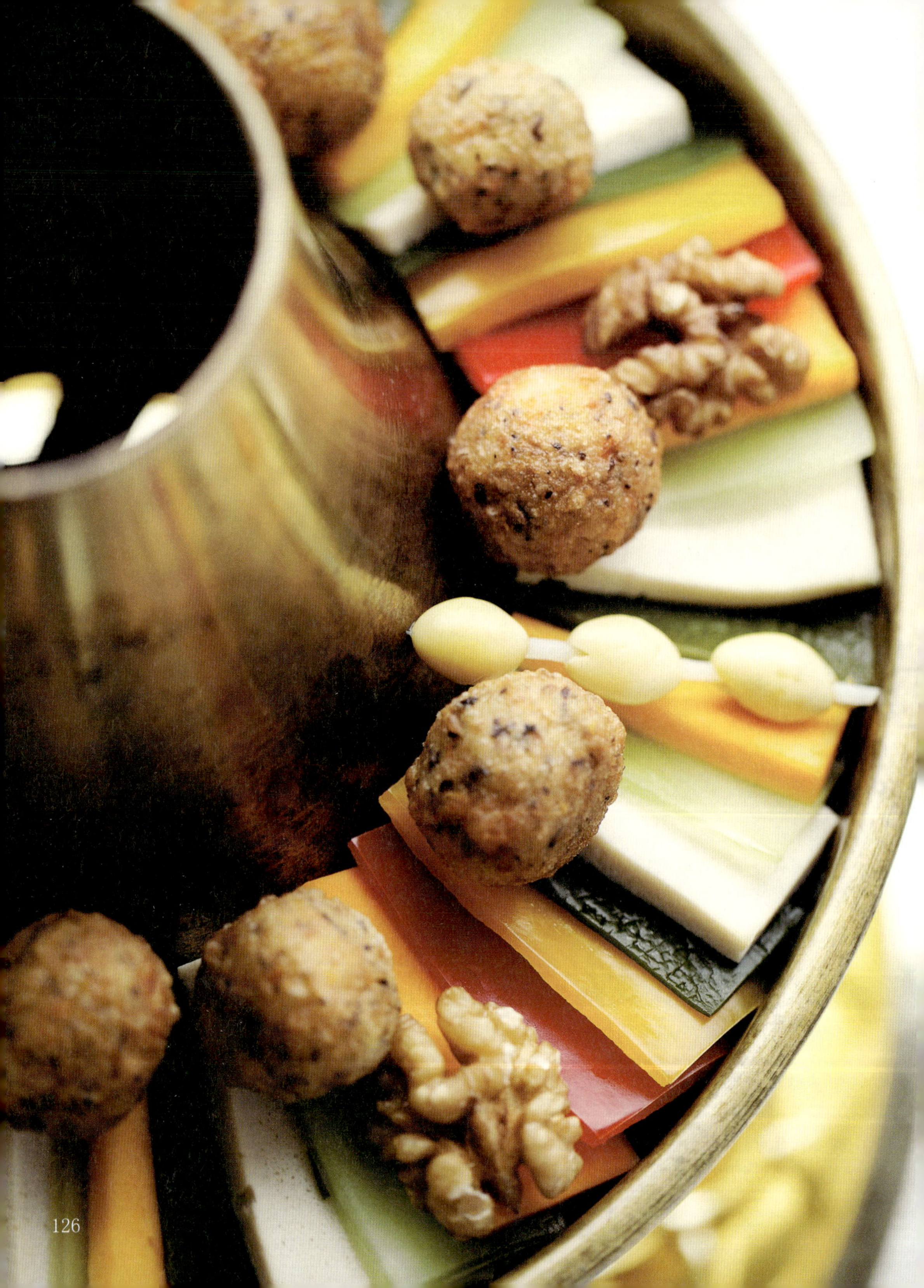

神仙炉

食材 / 12人份

汤底
鲜人参60g　脱皮干豌豆250g　姜片10g　八角1颗
盐10g　去核红枣2个　植物油25ml　纯净水5L

锅底
莲藕500g　盐5g　竹荪24条　植物油15ml

摆盘
南瓜12片　千页豆腐12片　红椒12片　海带12片
黄彩椒12片　豆腐丸子12个　白果12个
核桃4个　莴笋12片

豆腐丸子
老豆腐200g　干香菇25g　胡萝卜50g　面粉25g
生粉25g　盐5g

蘸料
小黄姜100g　熟白芝麻5g　盐2g　糖2g
植物油20ml　酱油30ml　开水20ml

步骤

汤底
1. 豌豆提前一晚泡发，沥干水待用。
2. 热锅加植物油，爆姜片，将豌豆炒香，加入纯净水1L煮开。
3. 用砂锅煮开水4L，将步骤2的豌豆汤倒入开水中，加八角一起煲。
4. 中火煲30分钟后，加入人参煲1小时，最后加入红枣，继续煲半个小时后加盐即可。

锅底
1. 莲藕去皮，切成约3mm厚度，加油盐炒熟待用。
2. 竹荪洗净待用。

摆盘
1. 将摆盘食材切成尺寸约长5.5cm、宽3cm、高0.3cm的片状。
2. 将所有食材摆盘，底层摆莲藕，中层摆竹荪，上层依次摆放南瓜片、莴笋片、黄椒片、千页豆腐片、海带片、红椒片、豆腐丸子、白果、核桃。

豆腐丸子
1. 将泡发的干香菇挤干水分切成粒；胡萝卜切成粒（绿豆粒大小）；老豆腐挤碎滤干水待用。
2. 热锅，加植物油，香菇粒炒香，加入胡萝卜粒炒1分钟，待用。
3. 将豆腐碎、炒好的香菇粒和胡萝卜粒、面粉、生粉和盐充分融合均匀后，搓成丸子，每个约15g。
4. 开油锅，炸丸子。将炸好的丸子摆盘。

蘸料
1. 热锅加植物油5ml，中小火炒姜，中途分两次加油，一次加5ml，将黄姜炒香，整个过程约炒30分钟。
2. 加入开水、酱油、盐、糖和熟白芝麻即可。

128

韩式米糕

食材 / 12人份

米糕
白色：米糕粉200g　幼砂糖26g　盐1.5g　纯净水120ml
绿色：米糕粉50g　幼砂糖6.5g　艾草粉6g　纯净水25ml

裱花
食材：低糖白豆沙150g　水饴6g～10g
工具：104裱花嘴　裱花钉　裱花袋　裱花桩　裱花剪

步 骤

米糕

1. 将米糕白色和绿色部分干粉材料分别混合后过筛。

2. 过筛后分多次加入纯净水，边加水，边轻柔搅拌。混合好的湿粉用双手轻搓，将大块颗粒揉搓成均匀的小颗粒。

3. 揉搓好的湿粉再过两次筛。

4. 准备硅胶蛋糕杯模具，依次分层铺入，白色米糕粉12.5g+红糖3g+绿色米糕粉2g+白色米糕粉12.5g。（米粉每一层都轻轻铺平即可，不要按压，以保持松软弹性。红糖是馅料，放置糕体中心。）

5. 备好粉料的模具放入蒸锅，大火蒸25分钟，关火再焖5分钟。（蒸锅里的水要提前烧开，水量要足，需蒸30分钟）。

6. 取出蒸好的米糕，脱模即可。（米糕趁热享用最松软可口，如若放置过久，会变得干硬，有失口感。）

裱花

1. 白豆沙加水饴，在搅拌碗里用烘焙刮刀混合均匀，装进已经装好裱花嘴的裱花袋。

2. 花嘴在裱花钉上转出一个花心；花嘴薄的一边朝上，然后开始由内往外，以画弧形的手法，边转动裱花钉，边用力挤裱花袋，第二瓣从第一瓣的中间再以同样的手法挤出；以此类推，呈螺旋形往下裱花瓣，整朵花的饱满度根据自己想要的状态调整。

3. 用裱花剪把裱好的玫瑰花平移到油纸上待用。

4. 蒸米糕的同时可裱花，米糕蒸好出锅后，组装上花朵即可。

暖光

微凉时,望暖,
微冷时,向阳。

食物的慰藉,
总是饱含温热,
烹煮的过程,
常常绽放心花。

一道温暖的光,
可以无声无息,化解炎凉,
如一株润莲,
静静开在世间。

暖阳素宴

娃娃菜卷

水果吐司杯

轻串

盆菜

沙拉披萨

小面

132

娃娃菜卷

食材 / 12人份

菜卷
娃娃菜大叶12片 娃娃菜小叶12片 胡萝卜15g
干冬菇1g 去皮马蹄6g 芹菜杆2g 菠菜杆24g

调料
姜1g 盐0.4g 花椒20粒 生粉0.5g
植物油6ml 酱油 0.6ml

碧波汁
生粉 6g 胡椒粉适量 纯净水150ml

步骤

1. 将娃娃菜洗净，在离根部3cm处切断，将根部用剪刀稍修剪成莲花型。烧开水，放少量植物油，将娃娃菜根部部分先放入，1.5分钟后放入叶子部分，再过1.5分钟后同时盛出。

2. 将冬菇提前1小时洗净泡发，冬菇、姜、马蹄、芹菜杆切细粒，胡萝卜擦细丝。

3. 将姜末、冬菇粒、胡萝卜丝分别用油爆香；调入盐、酱油，少量生粉调芡汁勾芡；熄火放马蹄粒、芹菜粒拌匀起锅。

4. 将一大一小2片娃娃菜叶，包炒好的馅料，包好的菜卷围成圆形摆盘。

5. 用料理机打菠菜汁，在锅里烧开调味勾芡，倒在菜卷中间的空位，莲花放器皿中间即可。

贴士

1. 选用长而紧致的娃娃菜。

2. 用菠菜杆的部分做碧波汁，则汤色清亮，若需要颜色深一点的可适量加入叶片。

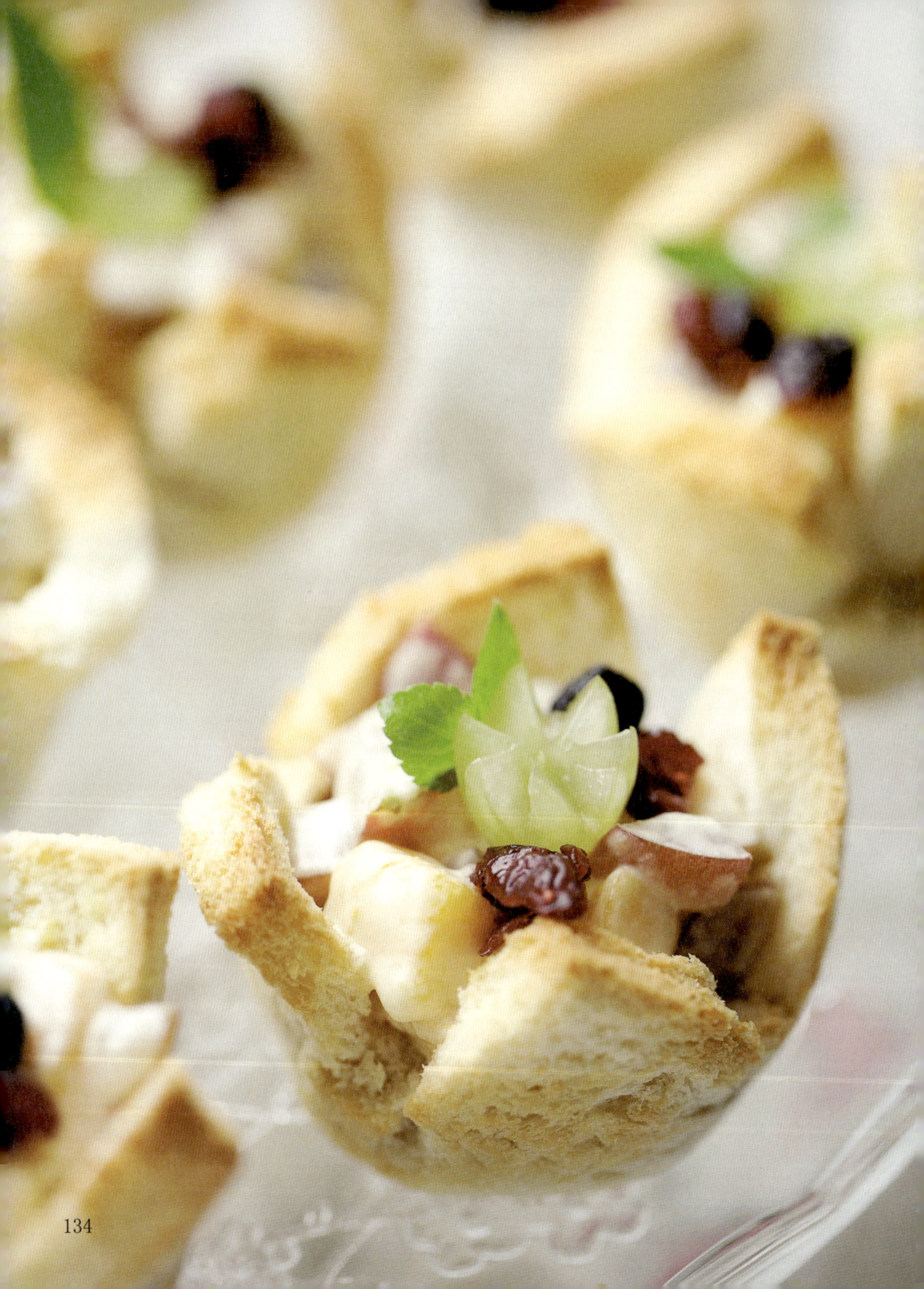

水果吐司杯

食材 / 12人份

吐司片12片　芒果24块　无籽提子12个　腰果12粒

沙拉酱
白砂糖（或龙舌兰糖浆）15g　豆浆粉15g
腰果50g　盐1.5g　玉米油25ml　纯净水30ml
柠檬汁15ml

步骤

1. 将吐司片放入麦芬烤盘定型为杯状，放入烤箱180℃烤制8～10分钟（烤制时间可根据不同烤箱和吐司片的干湿程度灵活掌握）。
2. 将腰果沙拉酱的食材一起放入搅拌器打细腻（根据不同的料理机，可适量加减纯净水用量，沙拉酱尽量少油，更健康）。
3. 时令水果切粒用沙拉酱拌匀，每个吐司杯装约30g的水果摆入吐司杯内即可。

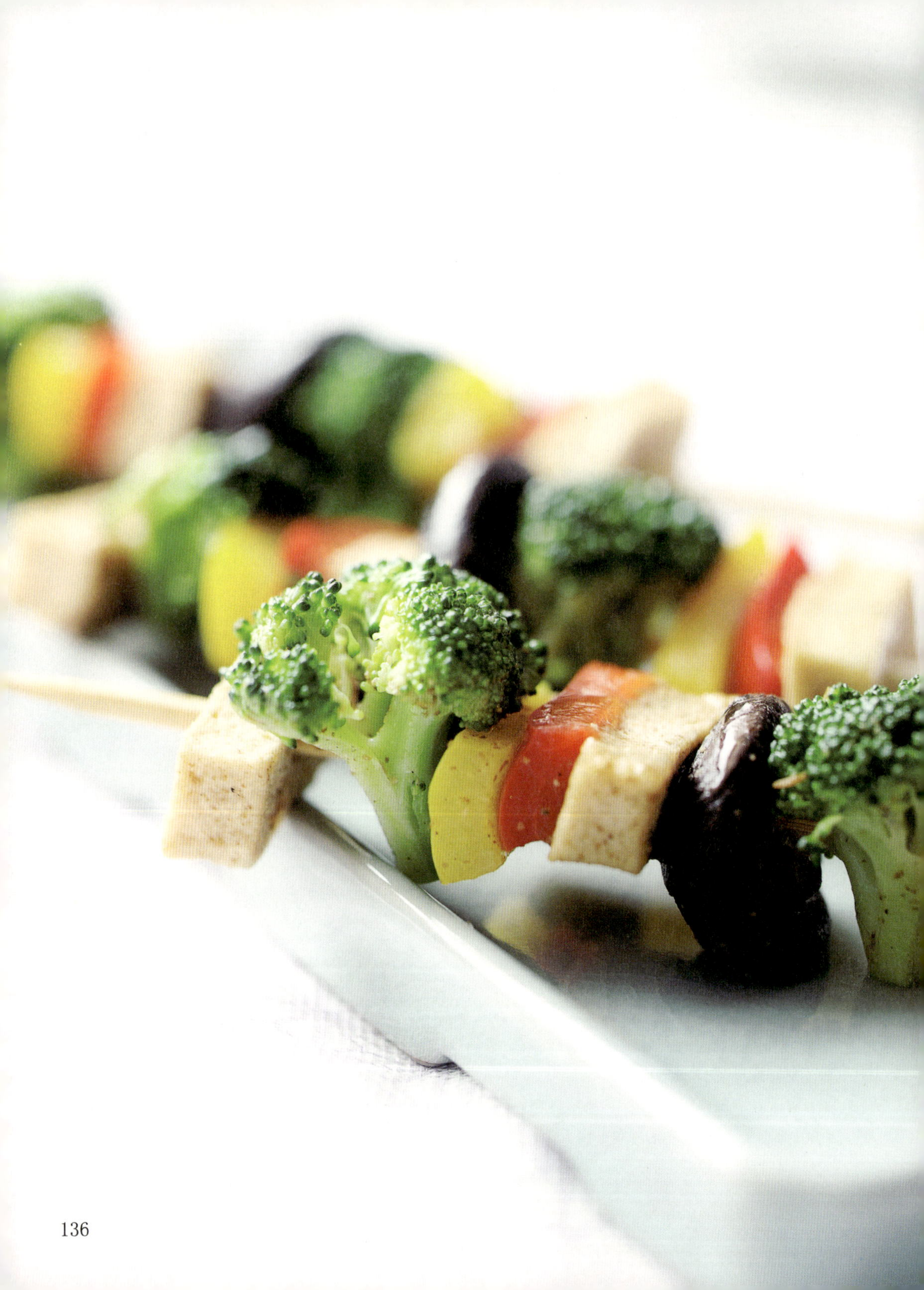

轻串

食材 / 1人份

千页豆腐25g 西兰花25g 红彩椒10g
黄彩椒10g 干香菇1朵

调料
椒盐粉5g 孜然粉5g

步骤

1. 将红黄彩椒切成宽2cm、长4cm。
2. 直径约6cm大小的香菇1朵,对半切;豆腐切成宽1.5cm、长4cm。
3. 沸水烧开后,放少量植物油、盐,将西兰花、红黄彩椒过水1~2分钟,盛出待用。
4. 热锅下油,放入千页豆腐微煎,撒上椒盐粉2g、孜然粉2g起锅待用。
5. 香菇煸香,约5分钟,撒上椒盐粉1.5g、孜然粉1.5g起锅。
6. 最后将西兰花、红黄彩椒放入锅内,撒上椒盐粉1.5g、孜然粉1.5g拌匀起锅。
7. 将千页豆腐、红彩椒、黄彩椒、西兰花、香菇逐一串在竹签上摆盘,即可。

贴士

串好的串放回烤箱180℃烤约5分钟,可保持温度。

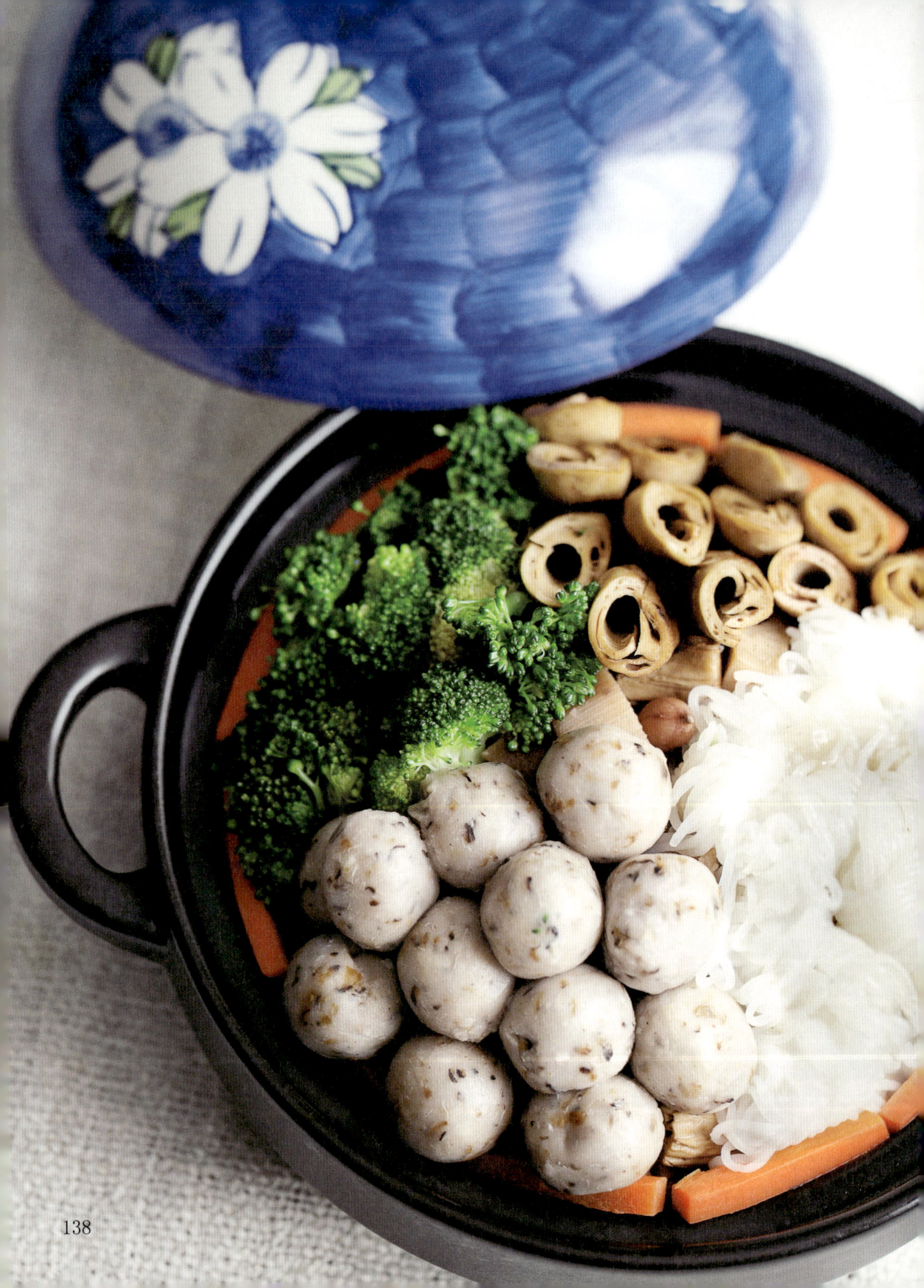

盆菜

食材 / 12人份

盆菜
芋头115g　豆笋12条（切12小节）
魔芋结2包　竹荪12条　板栗12个
西兰花12朵　香菇3朵　花生35g
腐竹80g　牛肝菌10片　羊肚菌5个
莲藕约250g　木薯粉20g　胡萝卜少许

调料
八角 1个　桂皮 1小块　花椒粒 1小勺
盐 2.5小勺　酱油20ml

高汤
芸豆60g　碗豆60g　水1.6L

步骤

1. 将芋头切小块，用蒸锅蒸约18分钟。香菇切小丁，放植物油5ml炒香，再放入酱油3ml；拌入植物油5ml、盐1g、木薯粉20g，称出12g/个的丸子。

2. 豆笋斜切待用。将1小勺花椒粒、八角1个、桂皮少许放入油锅煸香；取出花椒、八角后，放入盐1.5g；再放入豆笋，两面煎黄，放五香粉1g和酱油；再放入两勺水红烧至入味，出锅待用。

3. 将魔芋结、西兰花焯水待用。

4. 制作汤底：羊肚菌、牛肝菌、花生、腐竹、莲藕、板栗配高汤650ml，高压锅提前压制45分钟。（高汤：芸豆60g、豌豆60g泡发一晚，高压锅加入1.6L水压制而成。）

5. 锅底配魔芋结、竹荪，再放入煲好的莲藕、花生、板栗、腐竹，上层再铺上准备好的豆笋、丸子、魔芋结和西兰花，边缘点缀少许胡萝卜，放入蒸锅蒸18分钟即可。

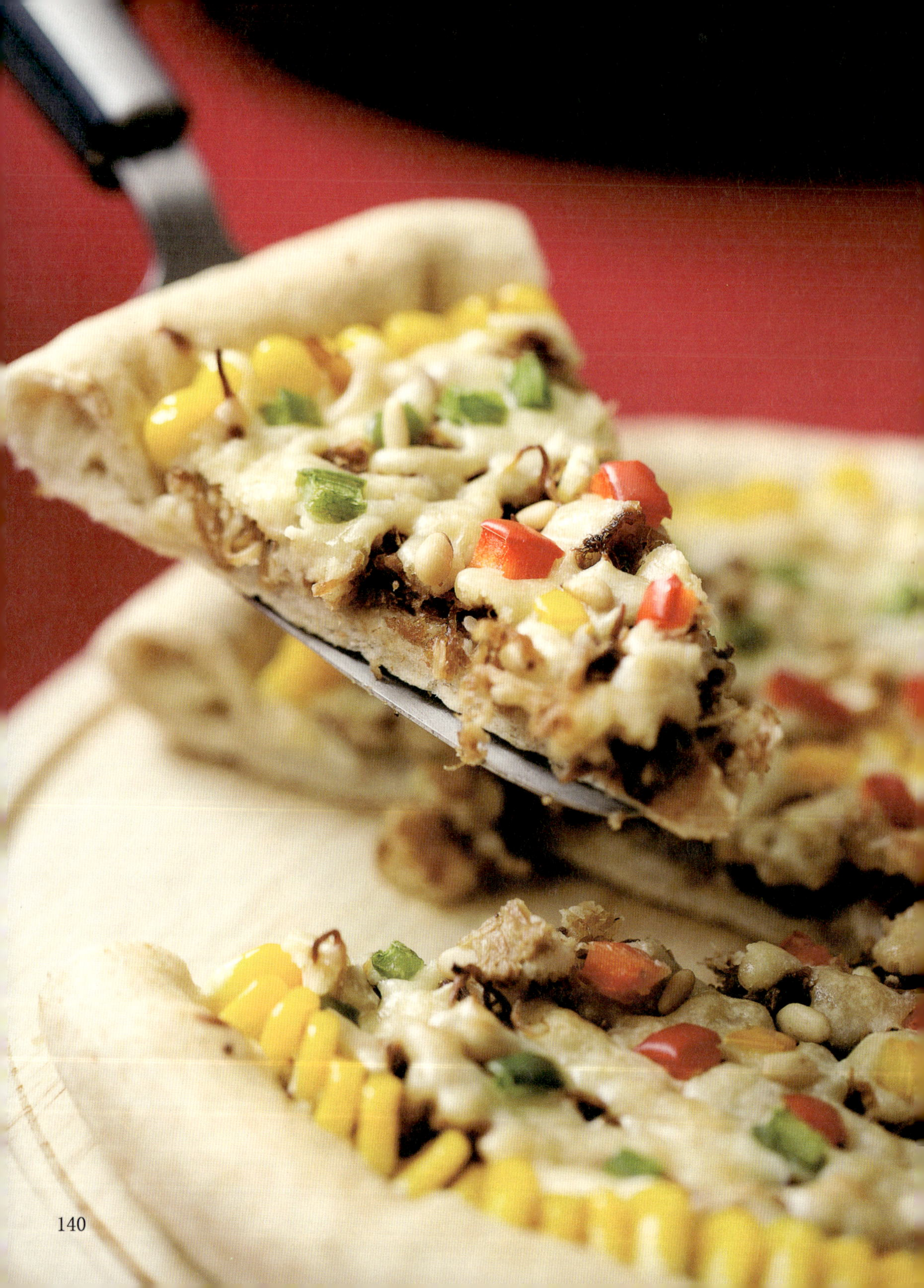

沙拉披萨

食材 / 11寸披萨

饼皮
高筋面粉180g 盐2.5g 酵母3g 温水105ml

主料
口蘑2朵 红黄彩椒 猴头菇1朵 素松10g
玉米粒30g

沙拉酱
盐1.5g 糖15g 腰果50g 玉米油30ml
柠檬汁13ml 豆浆粉15ml 纯净水45ml

步骤

1. 猴头菇提前一晚泡发。

2. 将披萨饼皮的食材混合，和好面团，盖上保鲜膜或盖子放温暖的地方发酵，发酵1小时左右至面团的1.5~2倍。（时间不宜过长，否则会有酸味。）

3. 将玉米剥粒，口蘑切片，红黄椒切小块。猴头菇反复挤水去苦味，撕成薄片，焯水，用适量酱油、黑胡椒腌制一会儿后，炒香。

4. 把发酵好的面团擀成比烤盘大一个边的圆饼，烤盘刷薄薄一层油（防止粘锅），把饼放入烤盘后将大出的部分用手围出饼边来，用叉子在饼皮上刺洞，以免烤时鼓起。

5. 将自制的腰果沙拉酱刷在饼底上，然后铺上口蘑、猴头菇、玉米粒、素松、红黄彩椒粒，挤上沙拉酱。

6. 烤箱预热5分钟，190℃烤17分钟即可。

制作沙拉酱

1. 腰果用温水提前泡半小时。

2. 将所有材料放入搅拌机搅拌细腻。

3. 装入裱花袋备用。

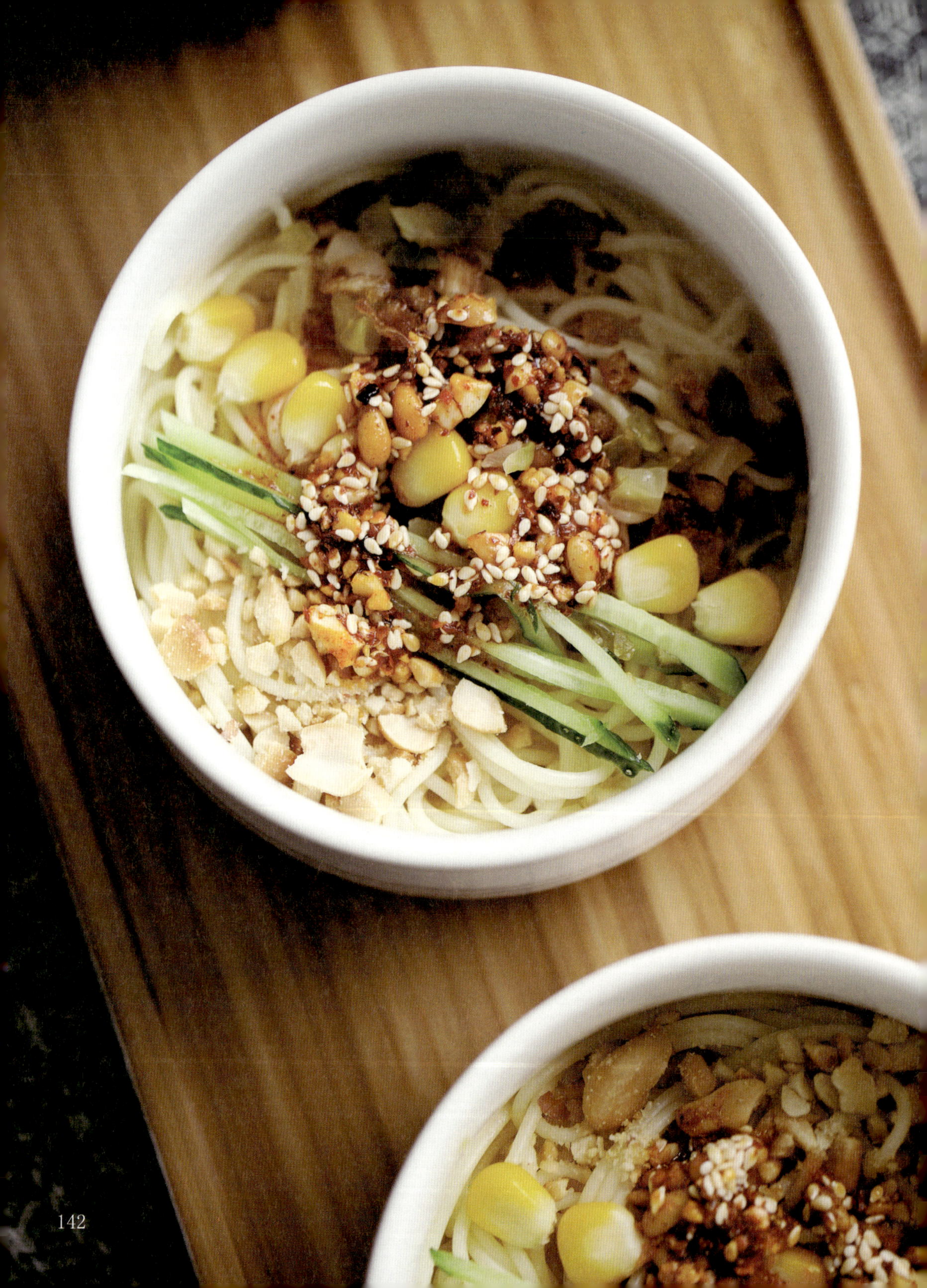

小面

食材 / 12人份

天使意面300g　姜蓉60g　大豆蛋白40g
榨菜60g　青瓜25g　熟花生米50g
熟腰果30g　玉米粒 60g

调料

粗辣椒面8g　细辣椒面8g　花椒面2g
熟白芝麻8g　玫瑰盐3g　白糖2g
有机酱油15ml　香醋10ml　玉米油186ml

步骤

备料

1. 大豆蛋白提前泡发，挤干水分后切小丁。榨菜切丁；磨姜蓉；青瓜去皮切丝。
2. 碾碎熟花生米、熟腰果。
3. 玉米粒焯水捞出。
4. 天使意面下入适量开水中煮约12分钟捞出。

制作红油

1. 碗底依次放入事先称量好的：熟白芝麻、粗辣椒面、细辣椒面、玫瑰盐、花椒面、腰果碎、花生碎。
2. 不粘锅内用量勺倒入玉米油156ml，大火加热至有大烟再调至小火，待烟转小。
3. 将热油即刻均匀倒入红油料碗，10秒钟后轻轻搅拌，备用。

调味

1. 将煮好的意面装在碗里，上面摆青瓜丝、玉米粒、花生碎、和腰果碎。
2. 不粘锅内放玉米油30ml，下姜蓉、大豆蛋白炒到颜色稍微深一点儿，调制小火下酱油15ml，炒匀后起锅，浇在面上。根据口味调入适量红油，即可。

叹与啖

晨早,广式茶楼已是人声鼎沸,蒸笼交叠,热气腾腾,一派人间光景。

围圆桌,叹早茶,叹的是人情,叹的是人事,叹的是人生,叹的是人心。或感叹,或赞叹,或惜叹,或哀叹,能在茶桌上叹的,总是平常。

倾下解,食一啖,啖的是咸甜,啖的是浓淡,啖的是冷暖,啖的是亲疏,啖的是世间百味。能在茶桌上啖的,总有回转。

叹粤人素心,赞妙手天成,侃侃而谈,落落而食。

广式茶宴

包心菜糕

布拉肠

椰浆千层糕

荷香糯米饭

甜薄撑

高汤云吞

杨枝甘露

水晶豆仔饺

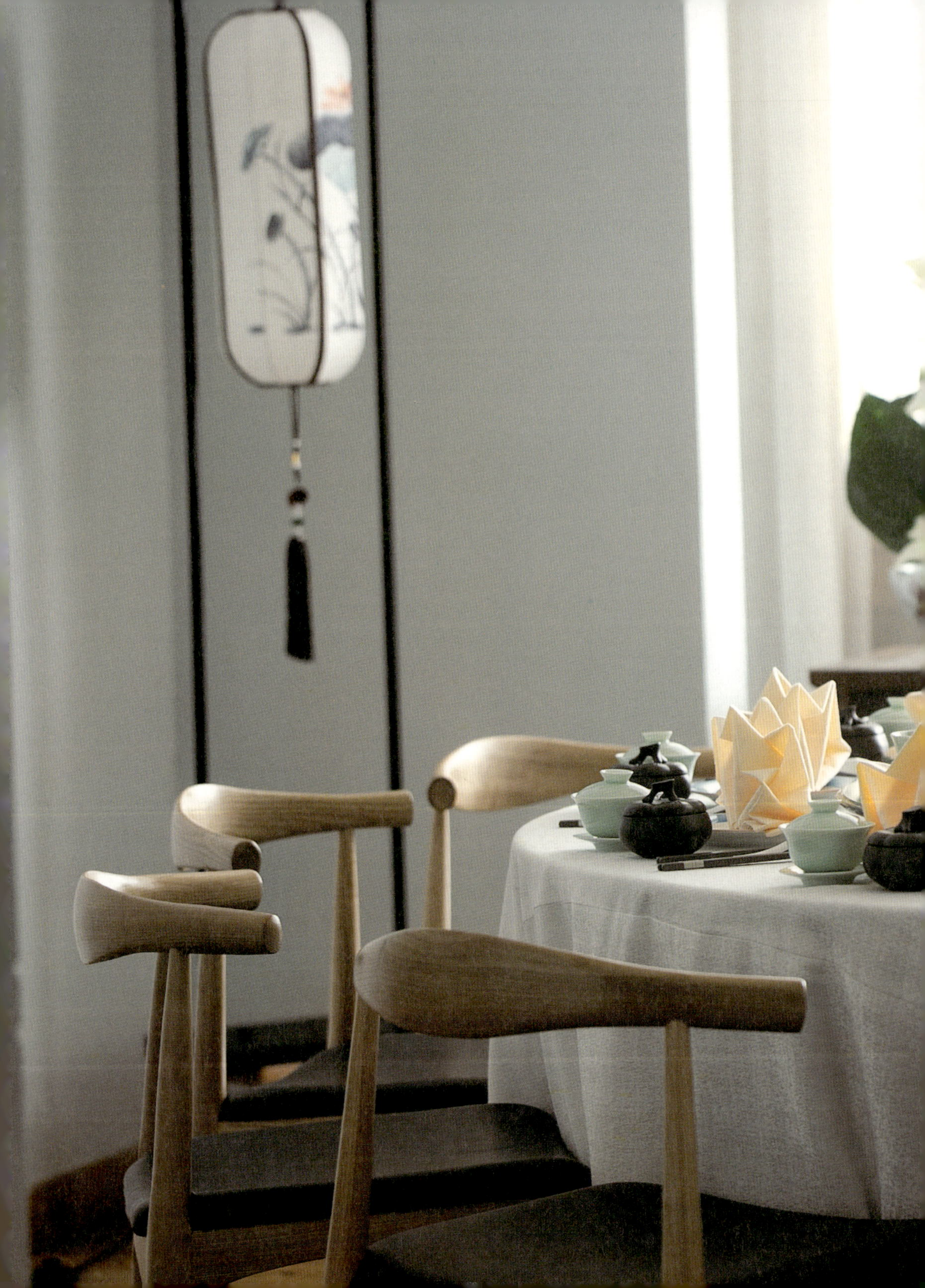

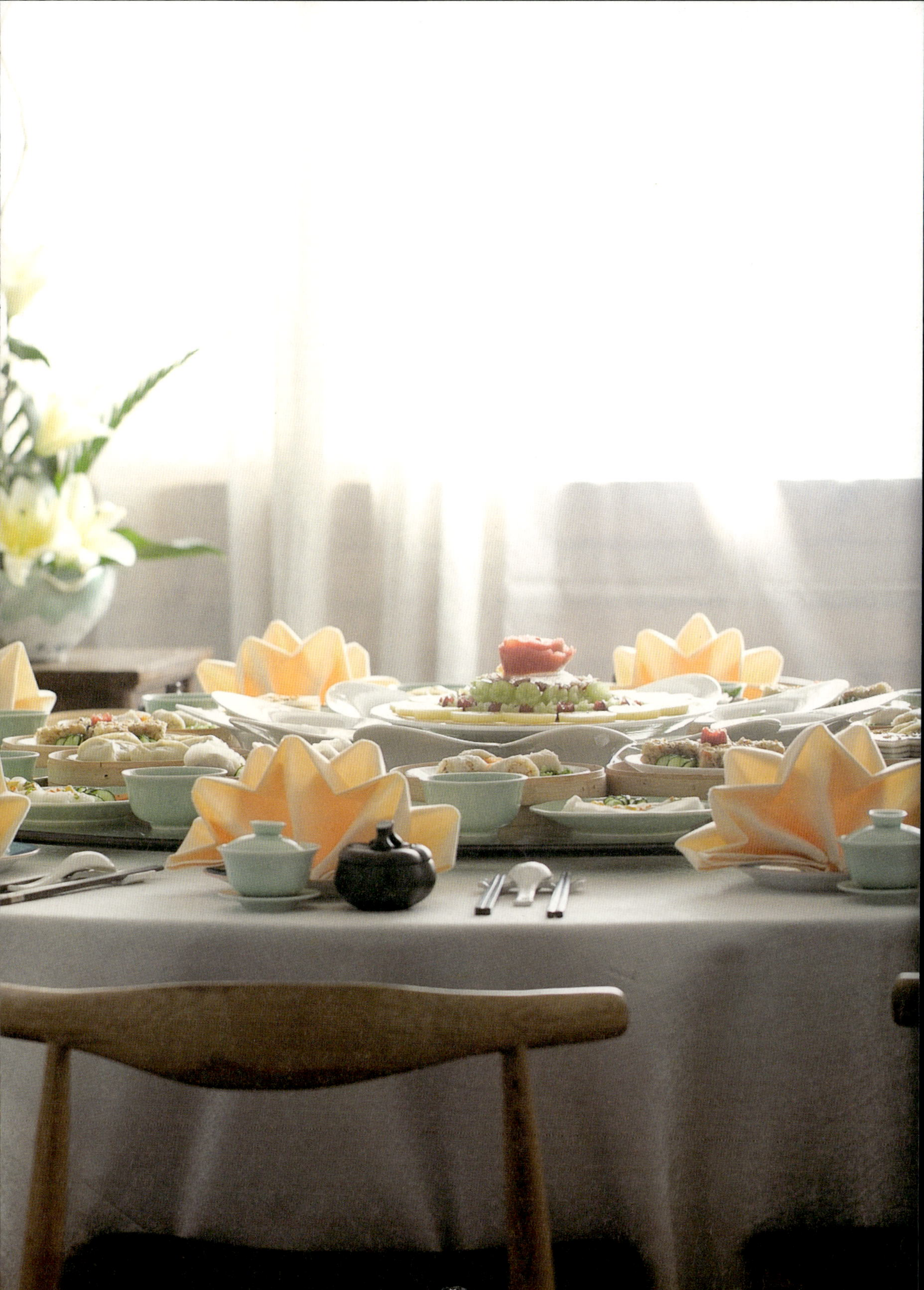

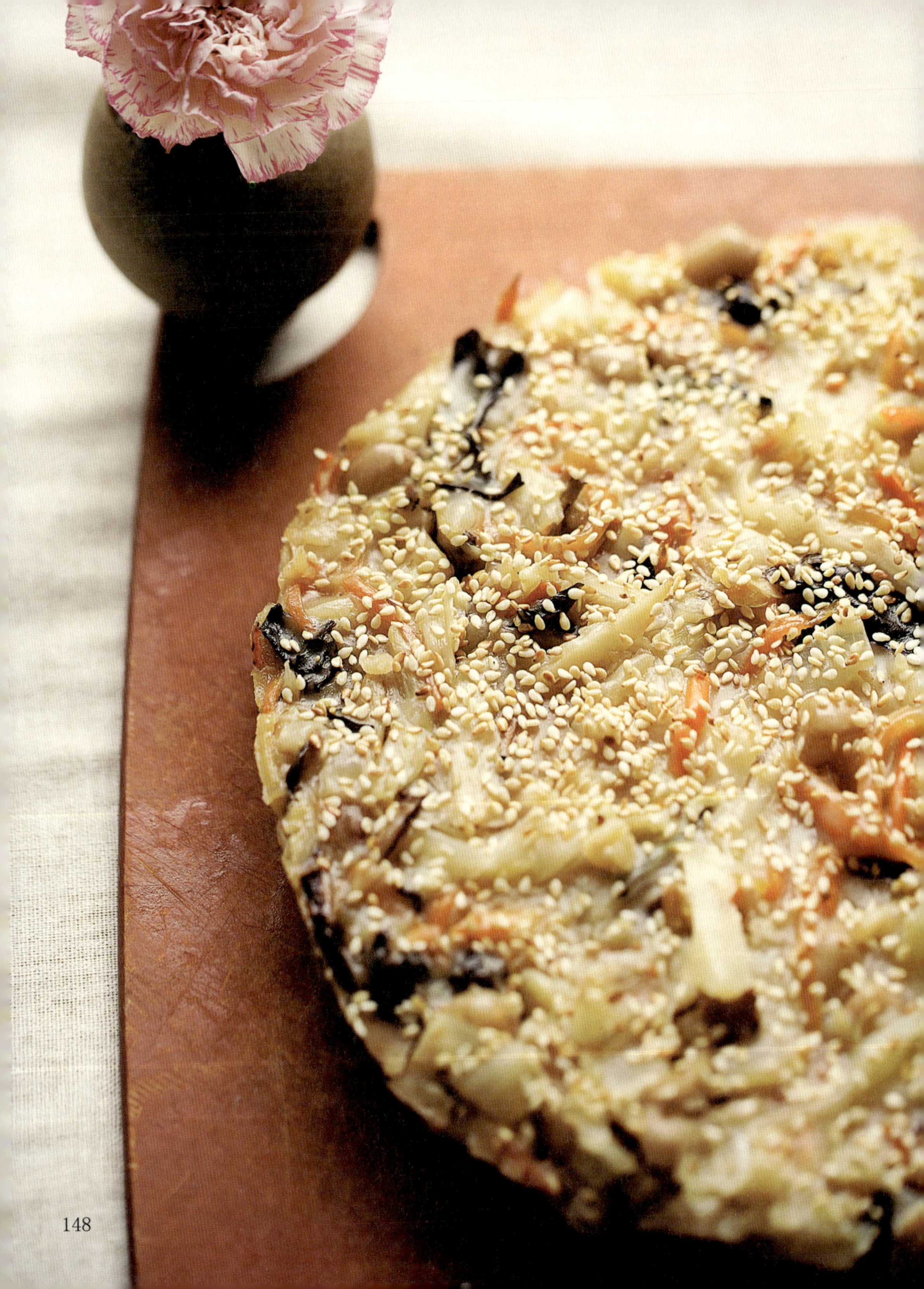

包心菜糕

食材 / 12人份

干香菇12g　黑木耳4g　花生40粒
包心菜350g　胡萝卜30g　马蹄6个
黏米粉150g

辅料

酱油1茶匙　植物油2茶匙　盐1茶匙
白芝麻10g　纯净水适量

步骤

1. 将花生提前泡发3个小时，均掰成两瓣待用。
2. 将包心菜350克切中等条，干香菇泡水切细粒，黑木耳切短细条，胡萝卜切中粒，马蹄6个切短细条。
3. 把所有食材混合，加入酱油、盐调味。
4. 黏米粉加适量纯净水调好，把加好味的食材与米浆混合，一起拌匀成糊状，待用。
5. 把调好的菜糊倒入容器，蒸10分钟。
6. 蒸好后，在表面撒上白芝麻，切块摆盘即可。

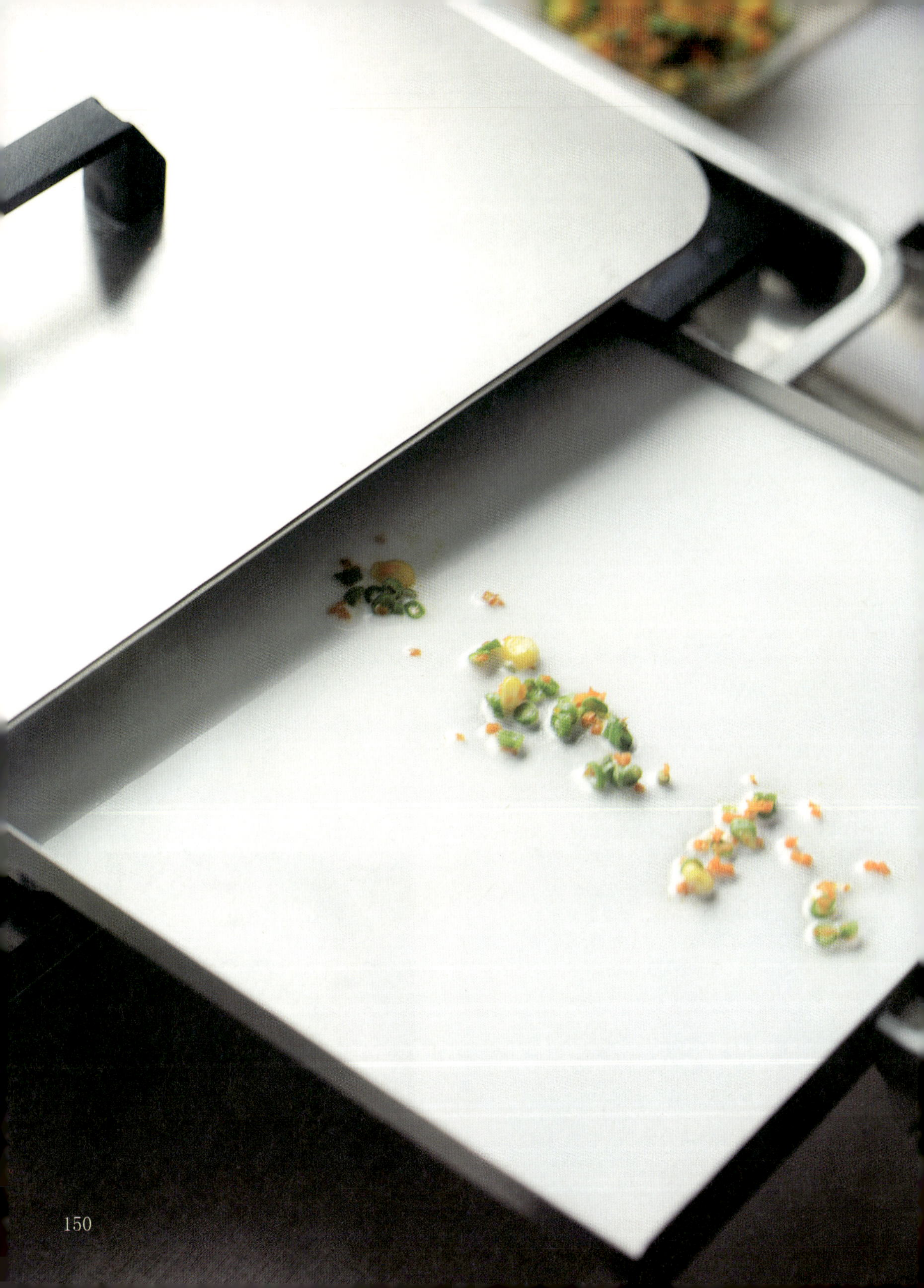

布拉肠

食材 / 1人份

米25g 胡萝卜2.5g 长江豆2g 玉米粒2g
马铃薯淀粉 芝麻酱1g 酱油2.5ml
纯净水50ml

工具

拉布粉机 电磁炉 不绣钢盆 小碟子
电子秤 破壁机

步骤

1. 把米25g用纯净水50ml浸泡3小时，用破壁机将米和水打成米浆，加马铃薯淀粉搅拌均匀。

2. 将水注入拉布粉机里，烧开；烧水过程中把胡萝卜切成小粒，长江豆切成小圆片装在小碟备用，玉米粒焯水后待用。

3. 水烧开后拉出拉布粉机第一层，在第一层底部刷上一层植物油，倒入米浆37g，铺满整个底面；撒上玉米粒、胡萝卜粒、江豆小圆片，放进拉布机内。

4. 再抽出拉布粉机第二层重复循环操作，食材放入第二层后，将第一层抽出，用塑料刮刀一分为二，用刮刀45度角刮起布粉，放入盘中；再刮起余下的二分之一，用同样方式操作第二层；盛出即可。

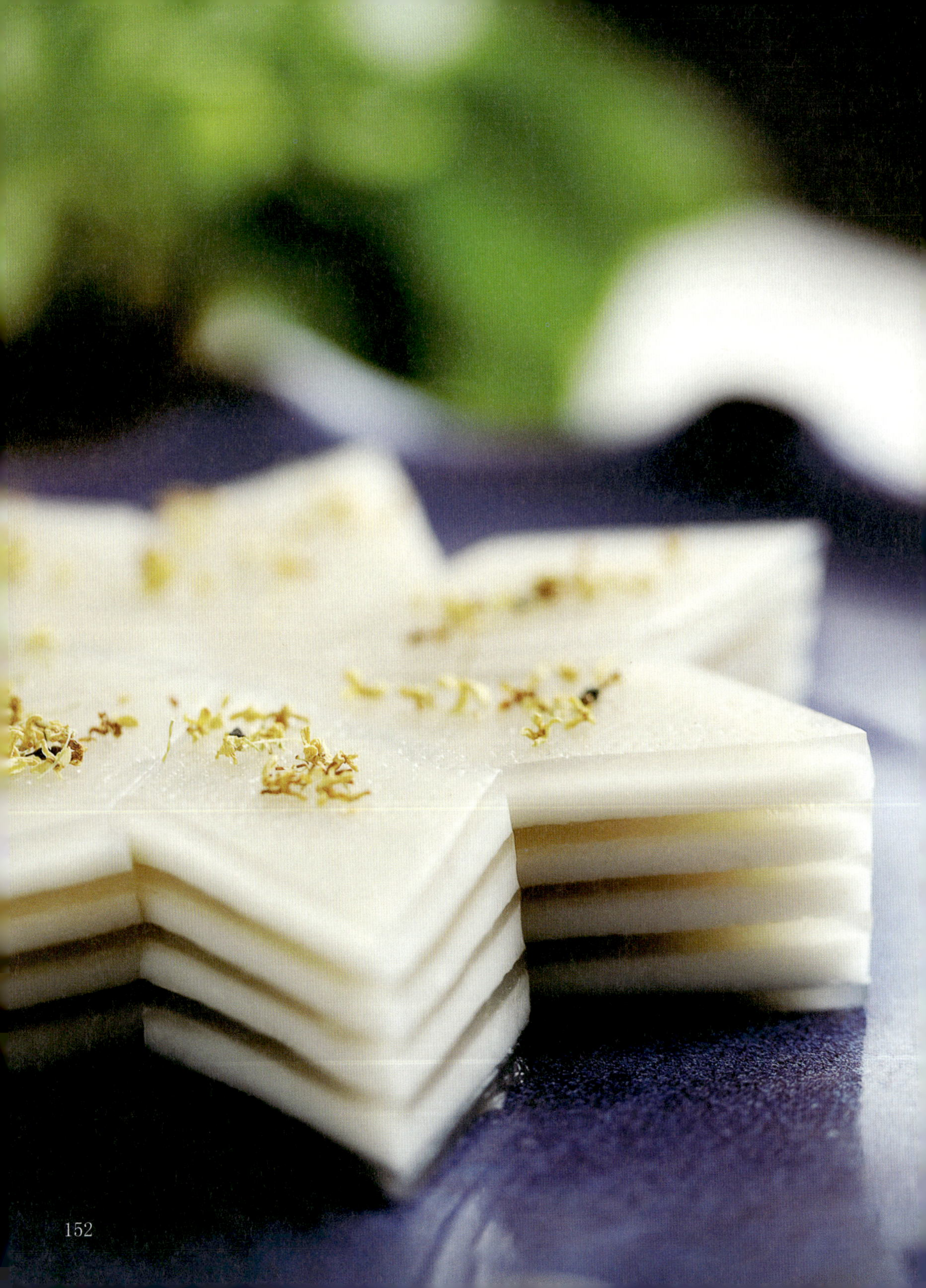

椰浆千层糕

食材 / 12人份

马蹄粉110g　黄冰糖80g
椰浆180ml　纯净水500ml

步骤

1. 提前准备好两个盘，在第一个盘里，将水200ml加入马蹄粉60g搅拌均匀，在第二个盘里，将椰浆180ml加入马蹄粉50g搅拌均匀。

2. 将水300ml加入黄冰糖80g中，加热融化至320ml，分成两份；其中180ml倒入第一个盘，余下的140ml倒入第二个盘。

3. 蒸锅水开后，将第一个盘里的液体100ml倒入蒸盘里，盖上盖子蒸2分钟；再将第二个盘里的液体100ml倒入蒸盘里，盖上盖子蒸2分钟；如此交替蒸制，为保证每层的均匀，请用量杯测量。

4. 这样交替蒸至第8层，第8层需蒸6分钟，蒸好出锅后切成好看的形状即可。

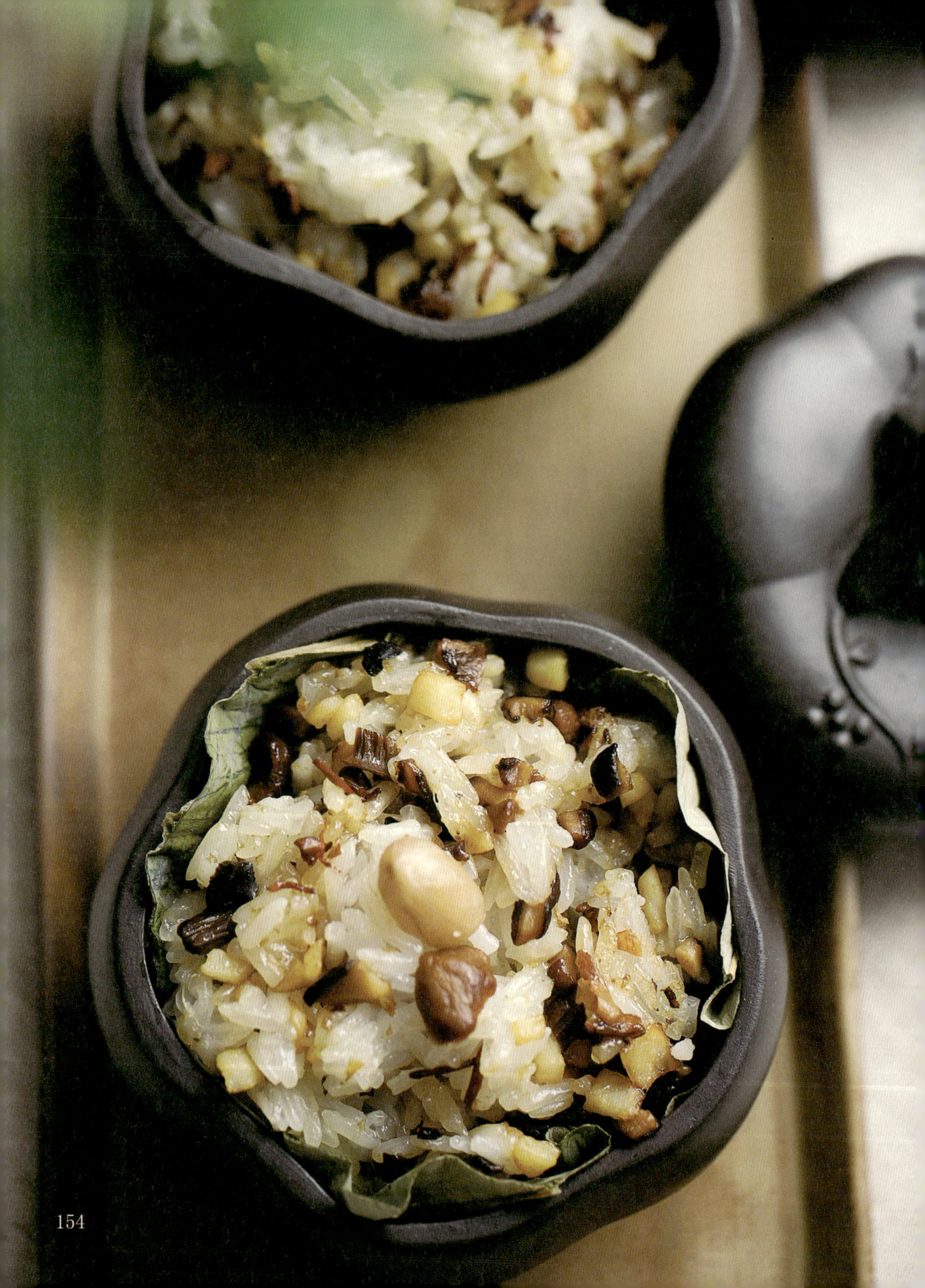

荷香糯米饭

食材 / 1人份

泰国糯米50g　干香菇2g　干姬松茸1g
干虫草花1g　干牛肝菌1g　马蹄1个　姜1片
干荷叶　盐1g　纯净水55ml　植物油2ml

步骤

1. 将以下材料泡开切成小粒：干香菇、干姬松茸、干虫草花、干牛肝菌、马蹄。将干荷叶泡入水中待用。
2. 将糯米洗好放进电饭锅，倒入水55ml，加入微量油、盐，将电饭锅调至精煮模式。
3. 将以下食材分别用适量植物油、姜粒炒好起锅：香菇、松茸、牛肝菌、虫草花，再将炒好的食材一起下锅拌匀，炒一会儿后盛出待用。
4. 将全部炒好的材料与煮好的糯米饭一起拌匀，盖上泡好的荷叶再煮3分钟。
5. 做好的荷香糯米饭用小器皿盛放，荷叶铺在最下面，拌好的糯米饭铺在上面即可。

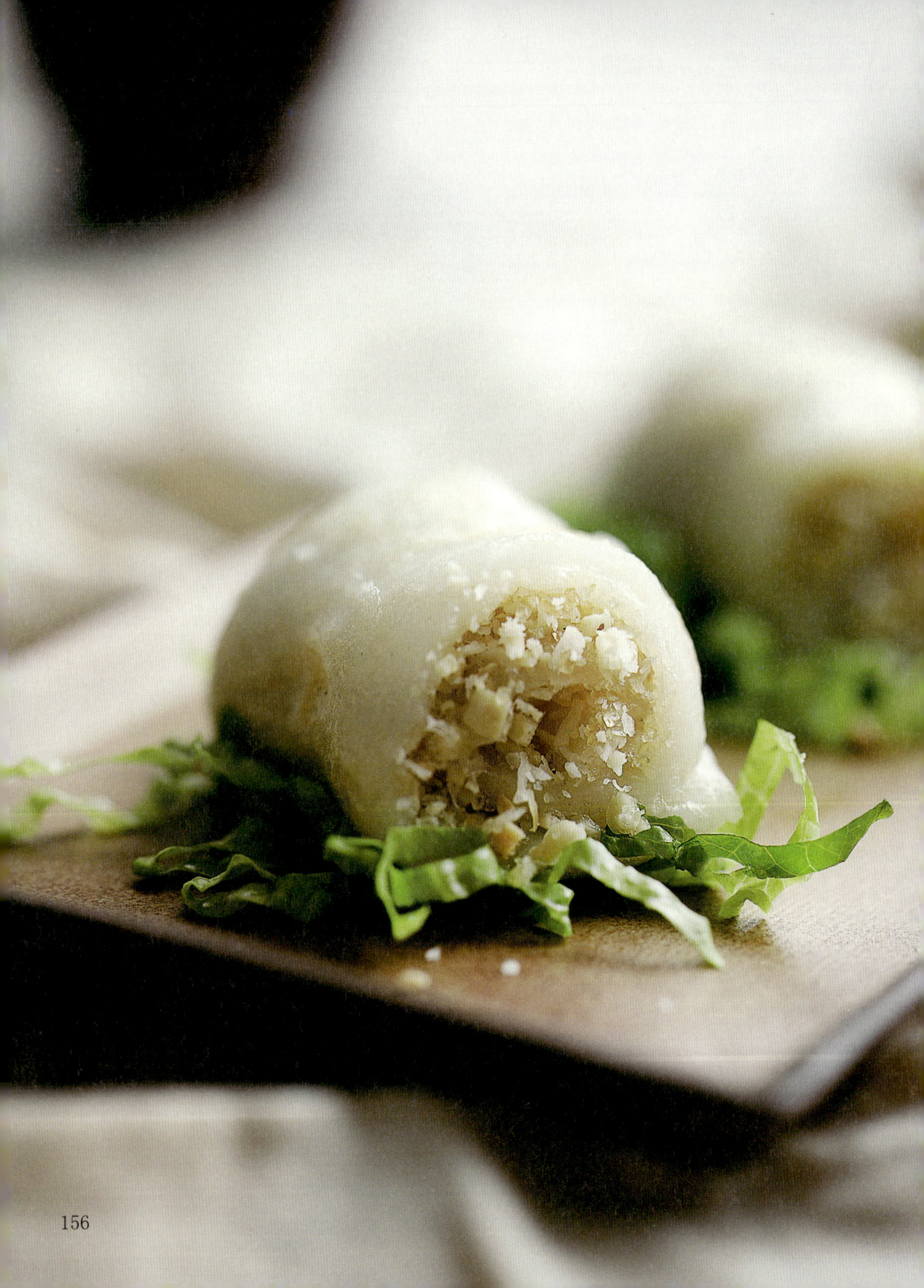

甜薄撑

食材 / 12人份

薄饼
糯米粉180g 水200ml

内馅
花生24g 椰蓉12g 芝麻12g 砂糖24g

步骤

1. 将糯米粉180g与水200ml均匀调制成粉浆。
2. 将粉浆倒入热好的平底锅,煎成薄饼。
3. 花生炒香去皮,切碎,拌上椰蓉、炒香的芝麻、砂糖,搅拌均匀。
4. 煎好的薄饼包好馅料卷起来,切成小块装盘即可。

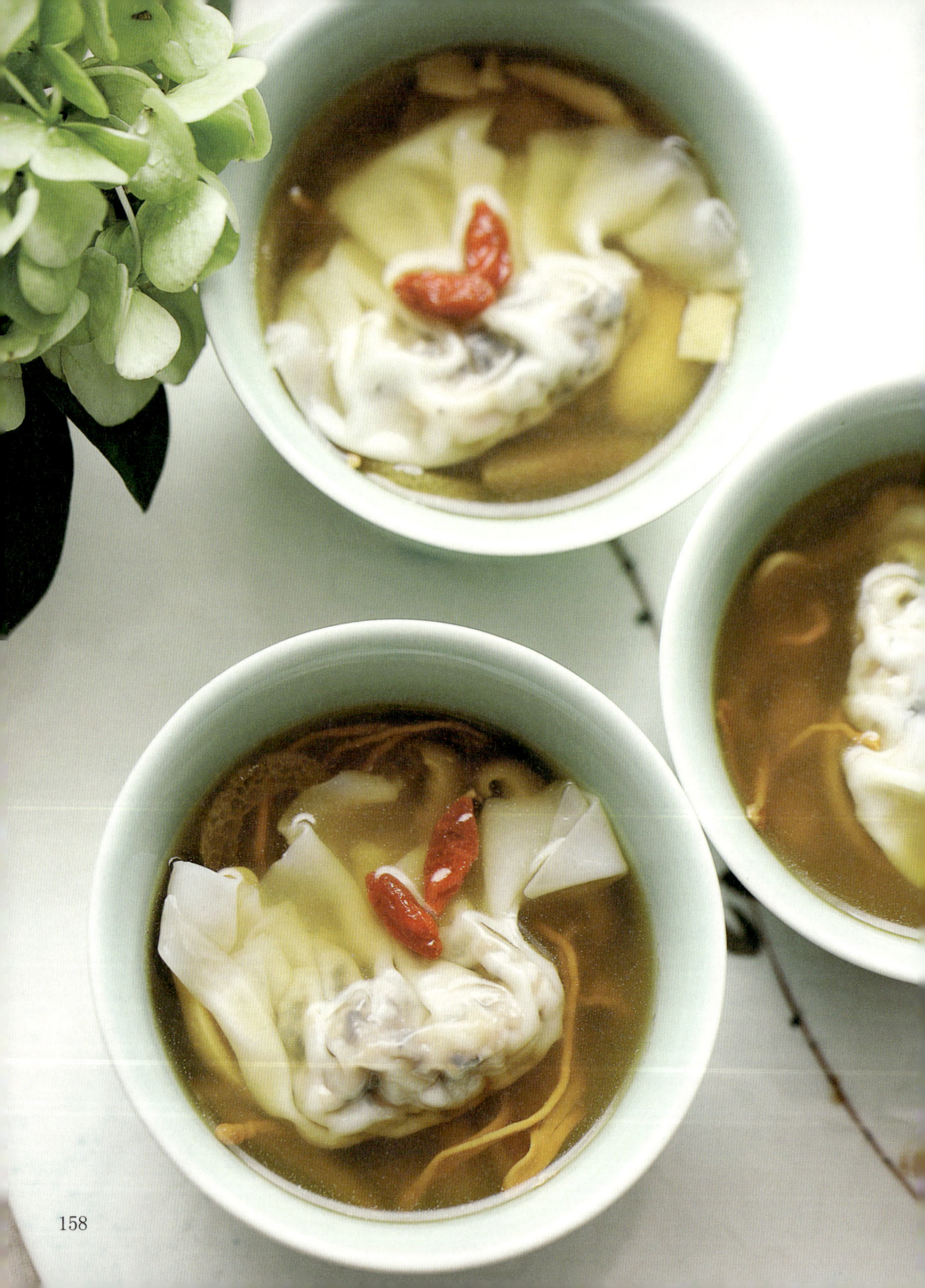

高汤云吞

食材 / 1人份

馅料

云吞皮　白豆干或熏豆干15g　泡好的香菇20g
大豆蛋白（泡好）20g　黑木耳（泡好）25g
胡萝卜20g　马蹄40g　姜1.5g　熟白芝麻4g
白胡椒粉1/2匙　蔗糖粉1/2匙　高筋面粉1匙
盐1/4匙　素蚝油1匙　酱油1匙

汤底

椰子皇片3片　五指毛桃约1.5g　眉豆4g　芡实1g
红枣（去核）1/4个　冬菇1/4个　竹笙2块
虫草花1g　栗子1粒　生腰果2粒　姜1g
胡椒粉0.2g

步骤

制作汤底

1. 将所有汤底材料洗干净后放小炖盅里，加入热水170~180ml。

2. 将小炖盅放入炖锅，小火慢炖2小时，炖好后加1/4茶匙盐搅拌均匀待用。

制作馅料

1. 将泡好的香菇、豆干、大豆蛋白、黑木耳、胡萝卜、马蹄、姜切粒待用。

2. 将炒锅加热，放植物油炒熟香菇后，再放豆干、大豆蛋白炒1~2分钟，然后放入黑木耳（在炒锅中加适量水或高汤以免黑木耳遇到高温溅开）。随后放胡萝卜、马蹄，均匀翻炒。最后放入1/2匙白胡椒粉、1匙素蚝油、1/2匙蔗糖粉，均匀翻炒。

3. 将1匙高筋面粉和水50ml（或高汤）调和勾芡，勾芡浓稠度以将所有食材粘连一起为宜，随后放1/4匙盐、1匙酱油调味。

4. 放上6g炒过的白芝麻，加盐1/2匙、酱油1匙先拌均匀；再放1/2匙芝麻油，搅匀锁住食材味道，放凉后用云吞皮包好即可。

煮云吞

将包好的云吞放入沸水中煮，看到云吞皮变透明且浮出水面后，即可将云吞捞起盛进汤底里。

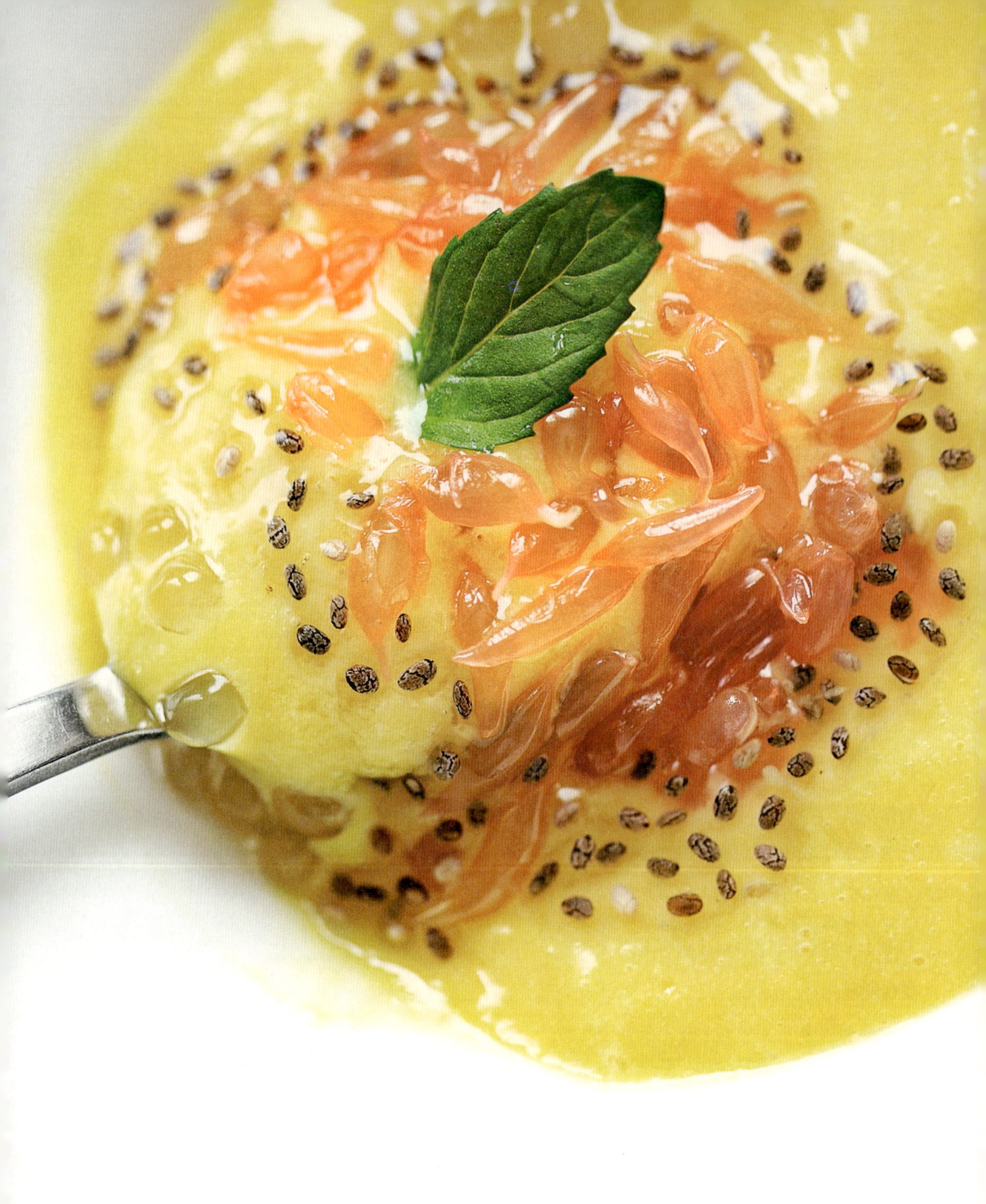

杨枝甘露

食材 / 1人份

芒果肉35g　椰子粉1.7g　椰子花糖7g
干西米5g　红柚肉5g　奇亚籽少量
薄荷叶或欧芹叶　椰浆13ml

步骤

1. 将干西米用沸水煮好，盛出备用；奇亚籽提前用纯净水泡好备用；红柚去皮去核取红柚肉备用。
2. 芒果肉、椰浆、椰子粉、椰子花糖一起放入破壁机搅拌成芒果汁备用。
3. 将少量煮好的西米露铺在容器底部，然后倒入搅拌好的芒果汁，随后在表层放入剩下的西米露。接着在容器中间放上红柚肉，旁边倒入泡好的奇亚籽，最后插上一片薄荷叶或欧芹叶作点缀即可。

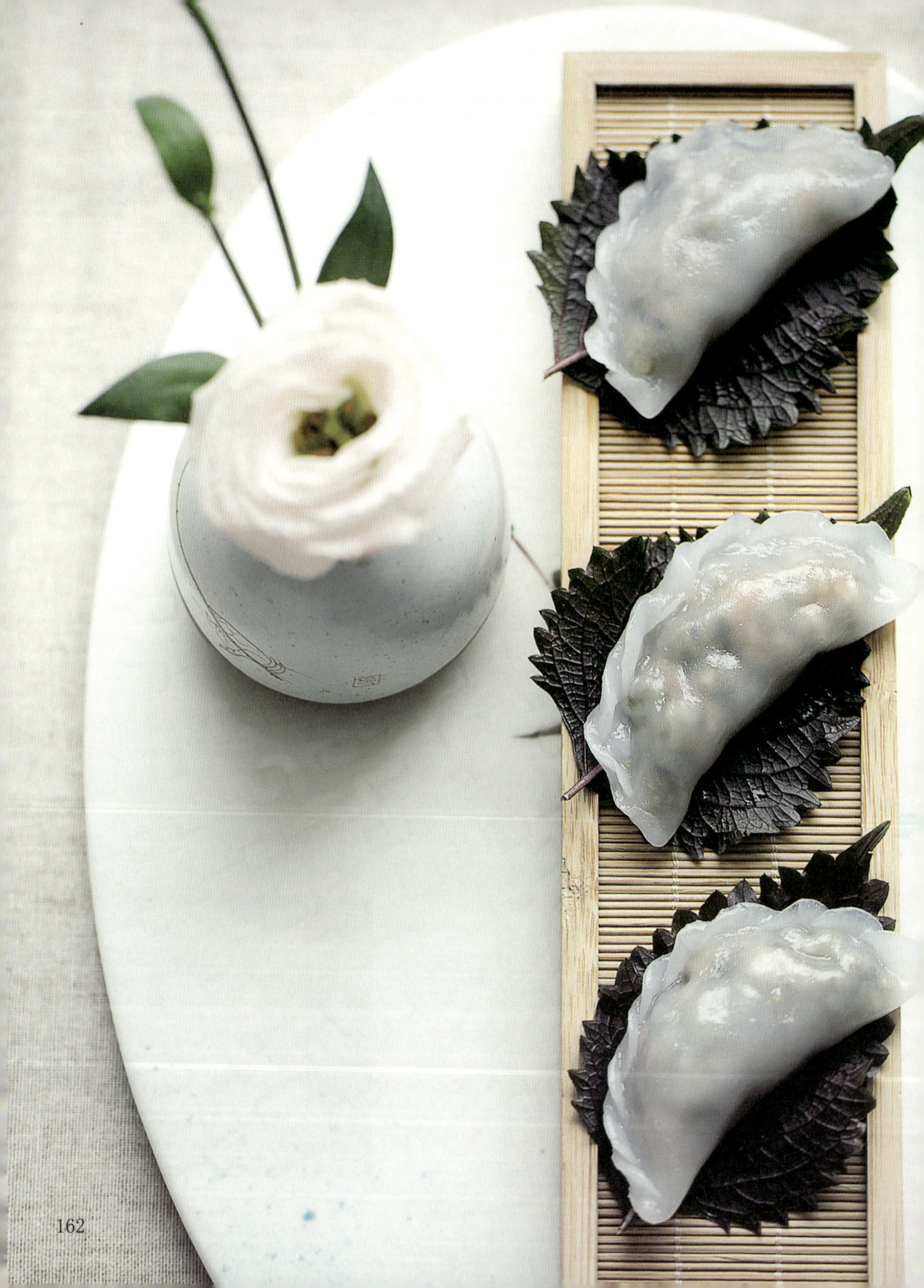

水晶豆仔饺

食材 / 12人份

馅料
咸萝卜干10g　香菇10g　长豆角50g　胡萝卜10g
马蹄15g　姜1.5g　腰果碎8g　白胡椒粉1/2匙
蔗糖粉1/2匙　海盐1/8匙　白芝麻1/8匙
芝麻油1/2匙　素蚝油1匙　酱油1/2匙

水晶皮
澄面35g　生粉70g　水130ml

步 骤

制作馅料

1. 将咸萝卜干泡水后切粒，香菇、长豆角、胡萝卜（去皮）、马蹄（去皮）切粒。

2. 将锅加热后放植物油，加入姜爆香，随后加入咸萝卜干炒一会儿，再放香菇粒炒1~2分钟，放豆角粒炒1分钟，随后放胡萝卜粒、马蹄粒，最后放1/2匙白胡椒粉、1茶匙素蚝油、1/2匙蔗糖粉，炒均匀盛出待用。

3. 将腰果碎、白芝麻、海盐1/8匙、酱油1/2匙搅拌均匀，最后放入芝麻油1/2匙再搅拌，锁住食材味道。

制作水晶皮（直径5~6cm/片，馅7~8g/只）

1. 澄面混合生粉7g，加冷水融化拌匀（简称A）

2. 准备生粉63g（简称B）

3. 将A食材用最小火煮至黏稠透明状（2~3分钟），熄火后将B食材全部倒进去搅拌，手抹上约1茶匙油（抹油可以防止粉粘手，中间约抹油到手上最少三次），把粉搓至均匀不结团为宜，切成剂子（12~13g/个），擀成圆形的皮，厚约2mm，放馅料包成饺子，并捏出花边。

4. 将碟子表面涂抹一层油，把包好的成品逐个放整齐，各个之间留有适当空间以确保蒸时不粘连，将碟子放进蒸锅，用大火蒸6~10分钟（水沸腾后开始计算时间）。

贴士

1. 泡咸萝卜干时不宜太咸，稍有咸味即可。
2. 做水晶皮时建议使用不粘锅。
3. 水晶皮做好后，建议在半小时内包好，做好的剂子或包好后的成品建议用薄湿的纱布盖住，以保持其表皮的湿度。

雍·庸

上古雍梁之地,当承帝王气象,现下西行之路,能继仁德风度。

自是一派大方,自有一番锦绣,自得一方雅趣,自上一层境意。

雍与和,荣与贵,庸与中,碌与平,席间品,宴上尝,做中悟,行里参。

原来,和睦即真雍容,和谐即大荣华。

大唐素宴

凉面皮

素泡馍

锅盔馍

烙菜盒

十三花

哨子面

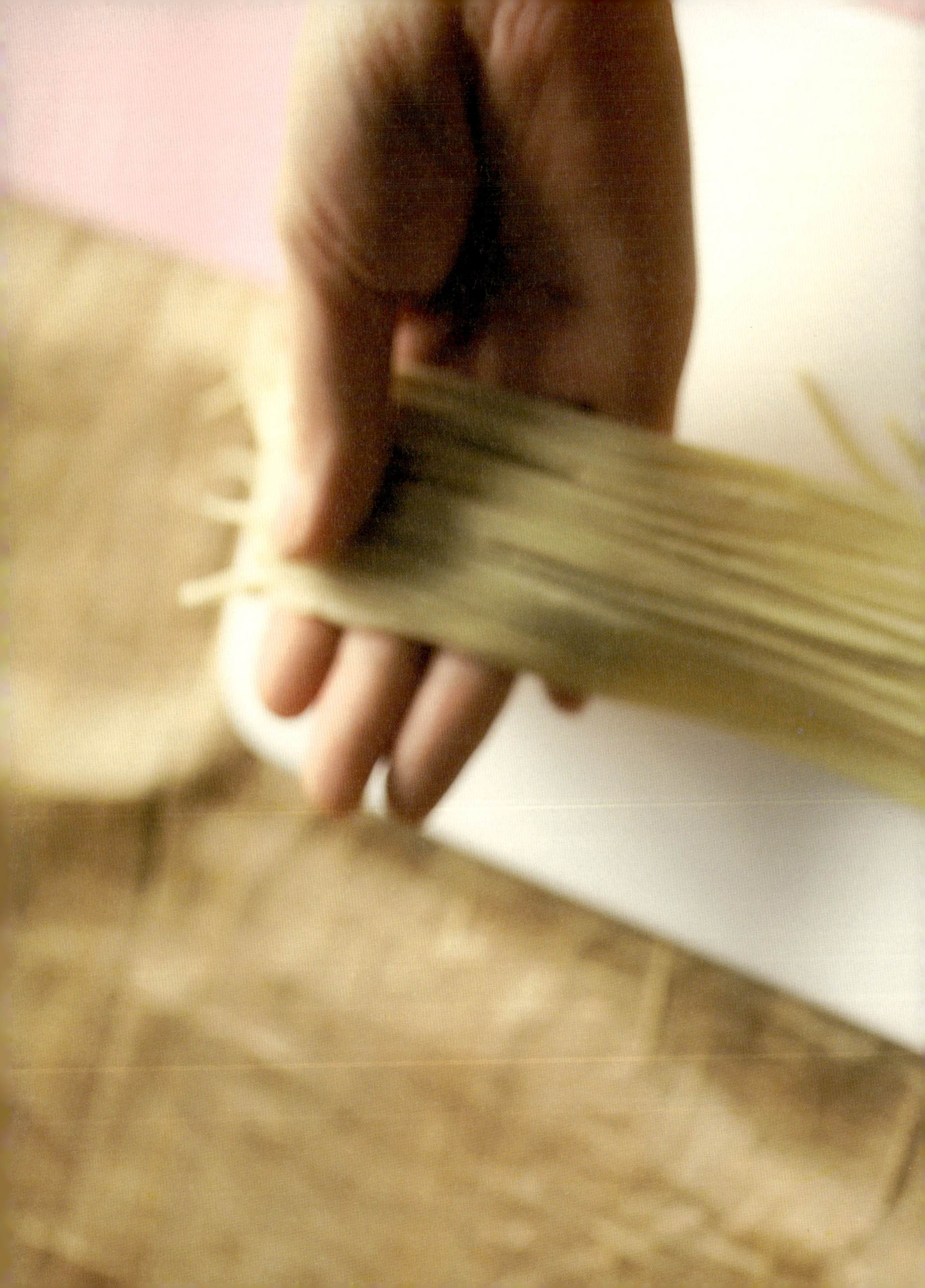

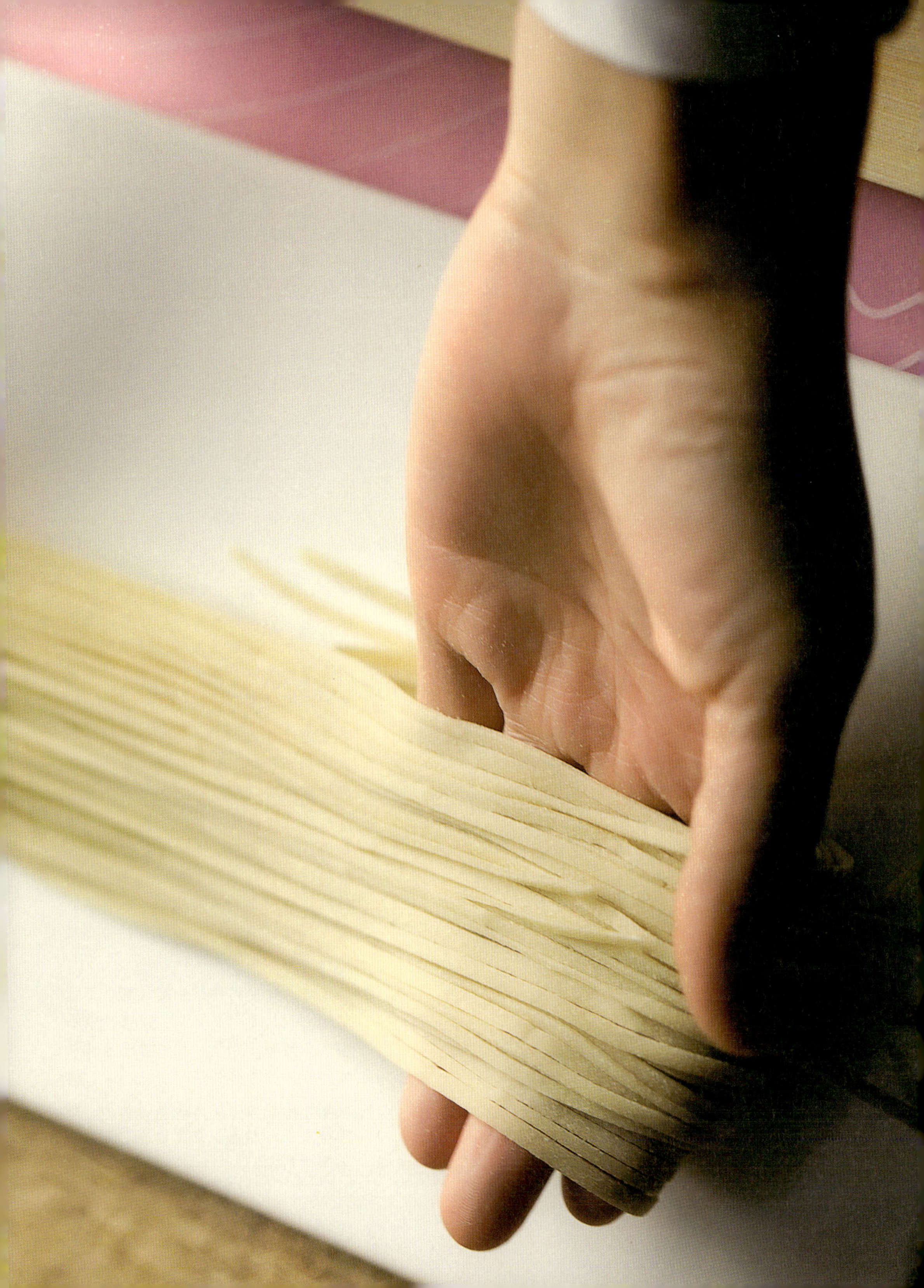

凉面皮

食材 / 12人份

凉皮
面粉300g　盐3g　熟植物油　纯净水

油辣子
辣子面10g　白芝麻10g　姜末3g　白糖1g
十三香2g　菜籽油70ml　陈醋2ml

调味
黄瓜半条　长黄豆芽50g　盐5g　陈醋5ml
酱油5ml　香油3ml　油辣子适量
纯净水适量

步骤

制作凉皮

1. 将盐3g溶于150ml纯净水中，搅拌均匀。分三次将搅拌均匀的盐水倒入面粉中，并用筷子不断搅拌，使面粉成絮状。将面絮揉捏成团状至"三光"（面光，盆光，手光）的效果。面团揉好后，包上保鲜膜，醒至少30分钟。

2. 面醒好后，将纯净水缓慢倒入放有面团的容器中，水量至面团1/2高度即可。开始洗面。手法类似于洗衣服。洗至面团呈松散状，面水呈牛奶色，且具有一定黏稠度。

3. 将松散的面团拿出，面水用细纱漏勺过滤。过滤好的面水放在一旁待用。

4. 重复洗面和过滤至洗面水澄清即可。此时面团已由松散状而变成了具有韧性的面筋。取出面筋，将所有的洗面水汇集在一个容器中。将面筋和洗面水分别放入冰箱冷藏5至8小时待用。

5. 洗面水在冷藏过程中得到充分的沉淀，其中的水和淀粉得到分离，呈上清下浊状。将容器倾斜，缓慢倒出淀粉上层的清水，尽量倒干净，达到完全的固液分离。

6. 准备两个凉皮锣锣（或用平底不锈钢盘子），在每个盘子上刷一层薄薄的熟植物油。

7. 用勺子将沉在盆底的淀粉搅拌均匀成粉浆。舀粉浆80g放到凉皮锣锣里，旋转凉皮锣锣至粉浆均匀铺开，然后将凉皮锣锣放入已经烧开水的锅里，盖上锅盖，隔水蒸2～3分钟，待凉皮表面鼓起大泡即可出锅。

8. 把蒸好的凉皮同锣锣一起放到凉水盆里冷却，便于稍后脱盘。凉皮冷却后即可从锣锣上揭下。蒸好的凉皮是半透明的，非常有韧性。

9. 在每片蒸好的凉皮上涂熟植物油，防止凉皮互相粘连。重复步骤⑦⑧，直至面糊用完。

169

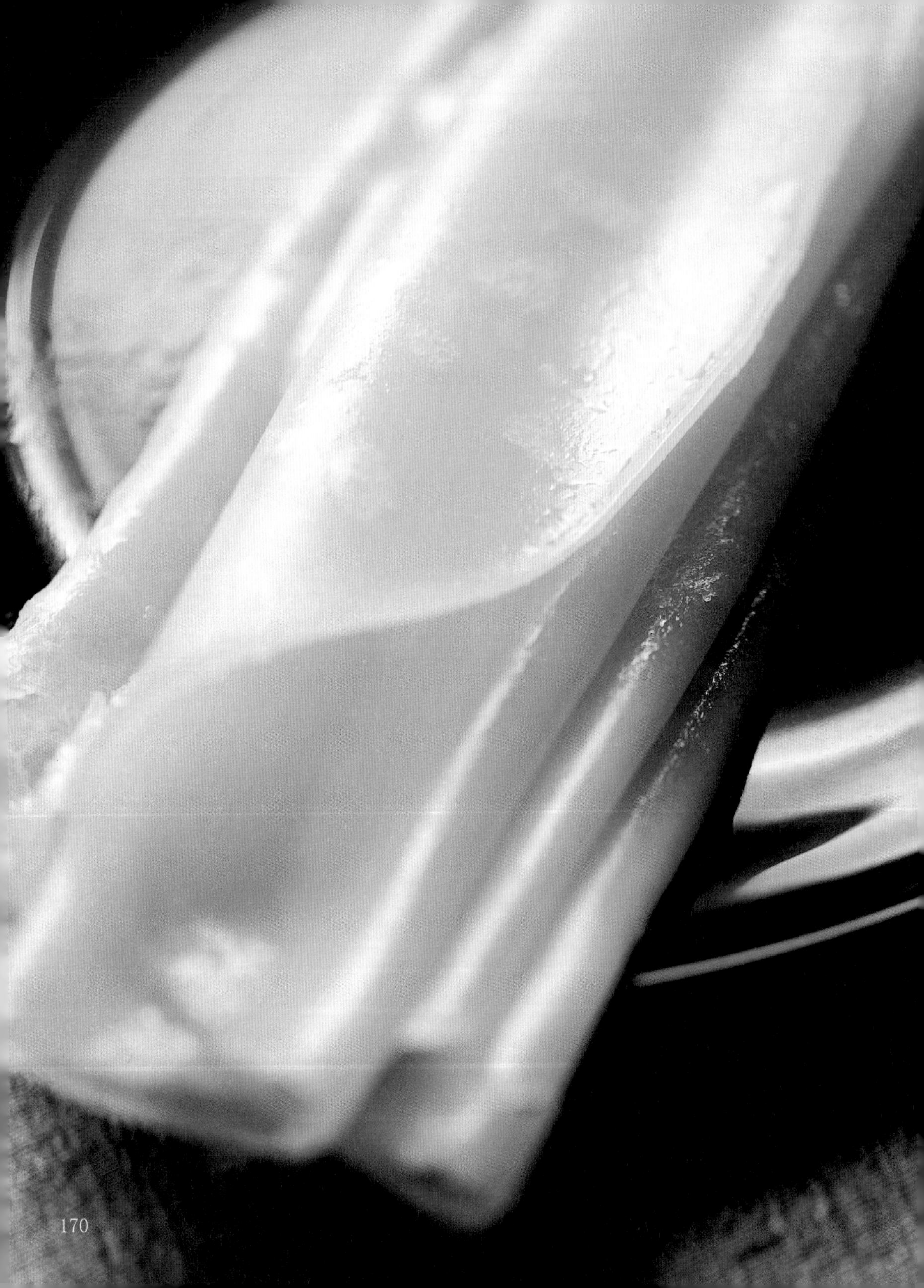

制作油辣子

1. 将辣椒面、白芝麻、姜末、十三香放入小碗搅拌均匀待用。
2. 菜籽油入锅,开火,待油温升至250℃左右,关火。
3. 待油温稍降,取1/3淋在备好的辣椒面上。
4. 加入陈醋2ml,进行第二次淋油。
5. 加入白糖1g润色,进行第三次淋油。

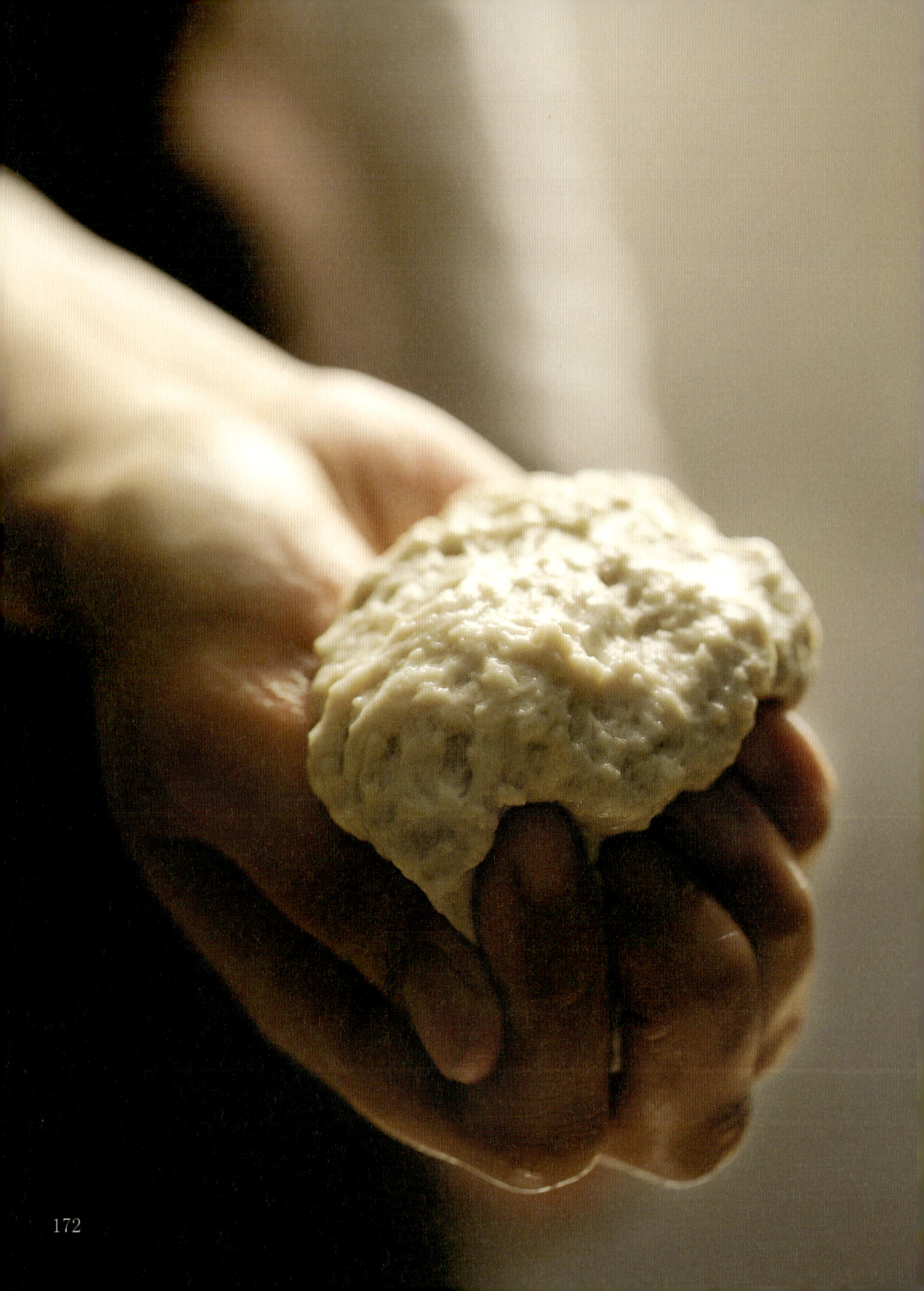

制作面筋

1. 将洗面过程中分离冷藏好的面筋放入蒸锅，水开后10分钟左右即可成熟。
2. 取出，冷却后切成约2cm×5cm的条状。

调味

1. 黄瓜切丝，长黄豆芽焯水。
2. 取容器依次加入盐、岐山陈醋、酱油、香油、油辣子（所加量根据口味酌情增减），搅拌均匀，再加入纯净水稀释，再次搅拌均匀，酱汁制作即完成。
3. 将黄瓜丝、黄豆芽、面筋条放至凉皮上方，淋上酱汁，搅拌均匀即可。

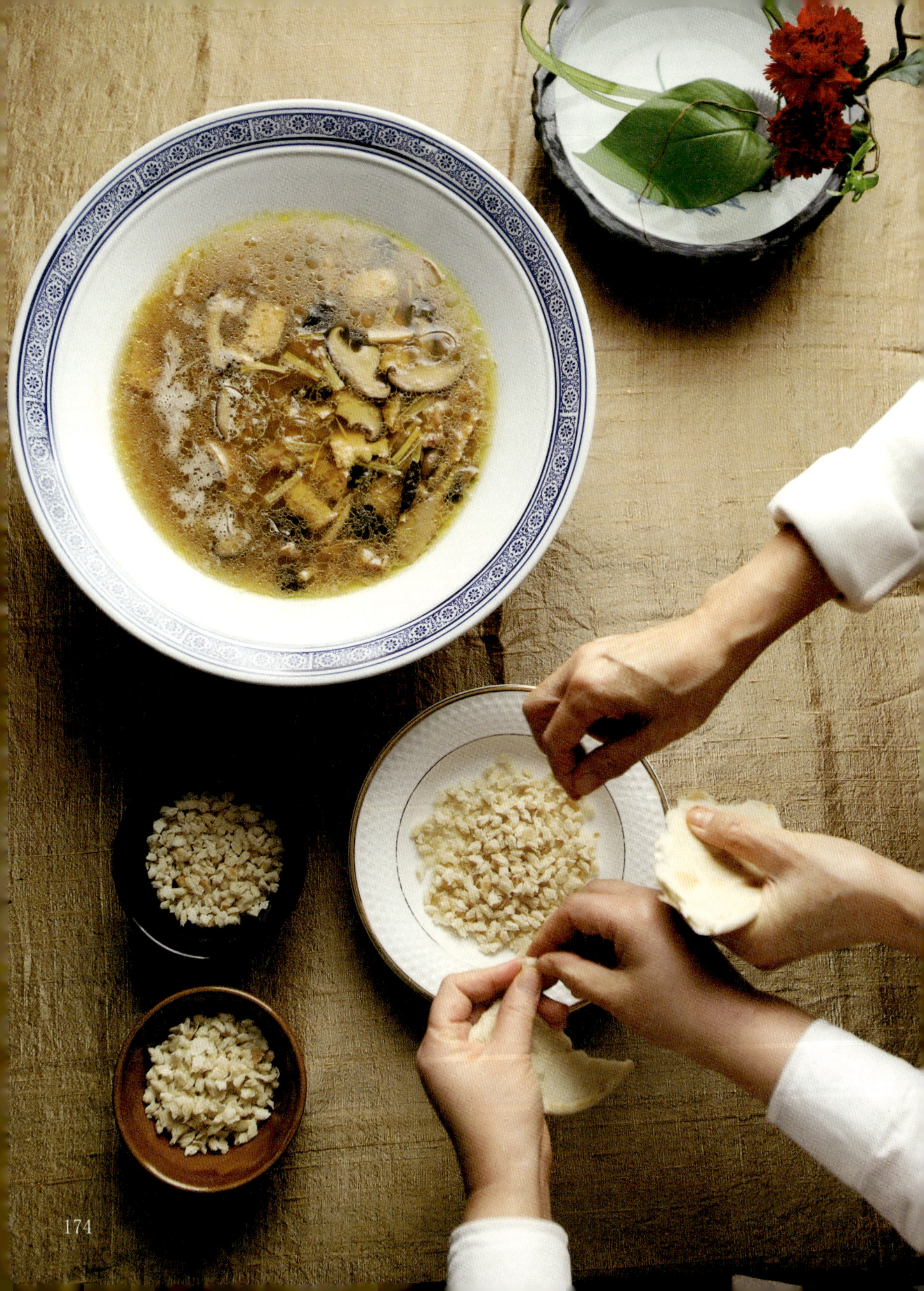

素泡馍

食材 / 12人份

素高汤

素高汤料包（花椒4g　茴香6g　八角1g
桂皮1g　黑胡椒1g　白胡椒1g　香叶1.8g
草果1g　陈皮1g　三奈5g　良姜5g）
生姜15g　灰树花15g　鲜杏鲍菇200g
鲜香菇70g　盐20g　酱油60ml　纯净水4L

浇头

木耳6g　黄花菜18g　粉丝60g　面粉72g
大豆蛋白片18g　老豆腐60g　香菜少许
白胡椒1.2g　植物油200ml　纯净水120ml
酱油12ml

馍

面粉180g、　纯净水96ml

步骤

制作素高汤

1. 把所有料包食材放进大料包里。
2. 备汤锅，加入纯净水4L、大料包、泡发清洗并撕片的灰树花，开火熬制。
3. 香菇、杏鲍菇清洗并切至0.5cm薄片；生姜清洗并切至0.3cm薄片。
4. 备炒锅，倒油，依次放入姜片、香菇片、杏鲍菇片翻炒出鲜香味，关火，出锅，倒入汤锅中一起熬制。
5. 大火烧开15分钟后，小火熬制100分钟，关火时放入备好的盐和酱油。

制作浇头

1. 提前将木耳、粉丝、黄花菜、大豆蛋白片泡发。
2. 木耳切丝，黄花菜切成2cm段状，老豆腐切至0.7cm片状。
3. 将酱油1ml、白胡椒0.1g、纯净水10ml加入6g面粉中搅拌均匀至浆状。
4. 将泡发的大豆蛋白片挤干水分放入面浆中，均匀包裹。
5. 将包裹面浆的大豆蛋白片、老豆腐片依次放入油锅炸至金黄，沥油捞出，冷却后备用。
6. 另起锅，依次加入少量的素高汤、黄花菜段、木耳丝、豆腐片、大豆蛋白片，锅开后再炖5分钟关火(高汤量及浇头至黏稠状即可)。

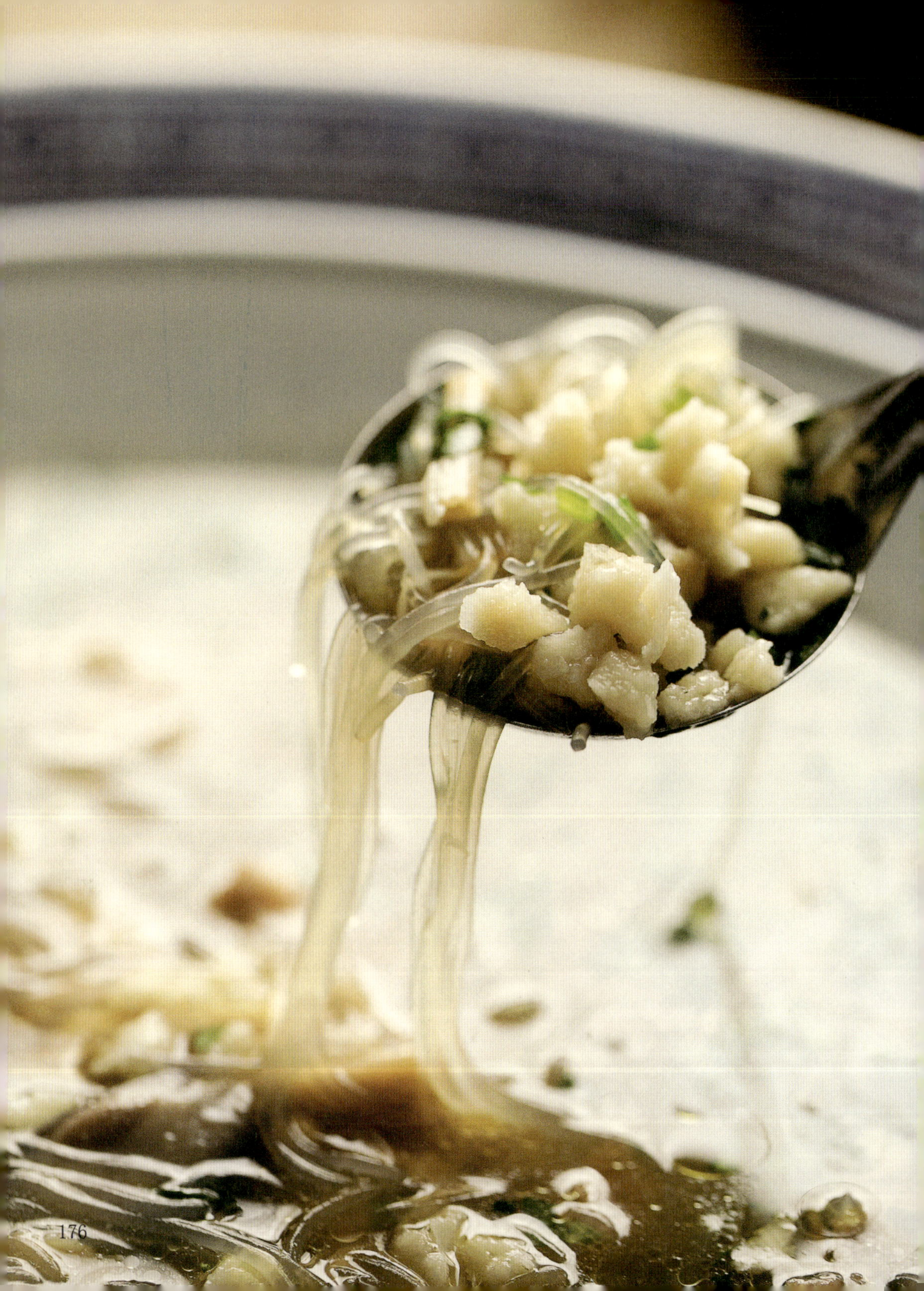

制作馍

1. 分三次将纯净水倒入面粉中，并用筷子不断搅拌，使面粉成絮状。
2. 将面絮揉捏成团状至"三光"的效果。面团揉好后，包上保鲜膜，醒至少半个小时。
3. 将醒发好的面团擀成0.5cm厚的饼状。
4. 电饼铛预热5分钟左右，放入擀好的面饼，八分熟取出。
5. 待饼稍凉，用手掰至黄豆粒大小的馍丁。
6. 起锅，加入高汤少许，放入掰好的馍丁，锅开后煮2分钟左右，沥汤捞出待用。

淋汤

将煮好的馍丁，平分至12个小碗，给每个小碗内依次加适量浇头、泡发的粉丝，再淋上适量烧开的高汤，最后撒上香菜少许即可。

贴士

1. 高汤分三份使用，一份制作浇头，一份煮馍丁，一份最后淋汤使用。
2. 粉丝最好使用豌豆粉丝，高温耐煮，不易断。
3. 馍丁为手掰，尽量不要使用刀切或剪刀剪，否则汤汁不易入味。

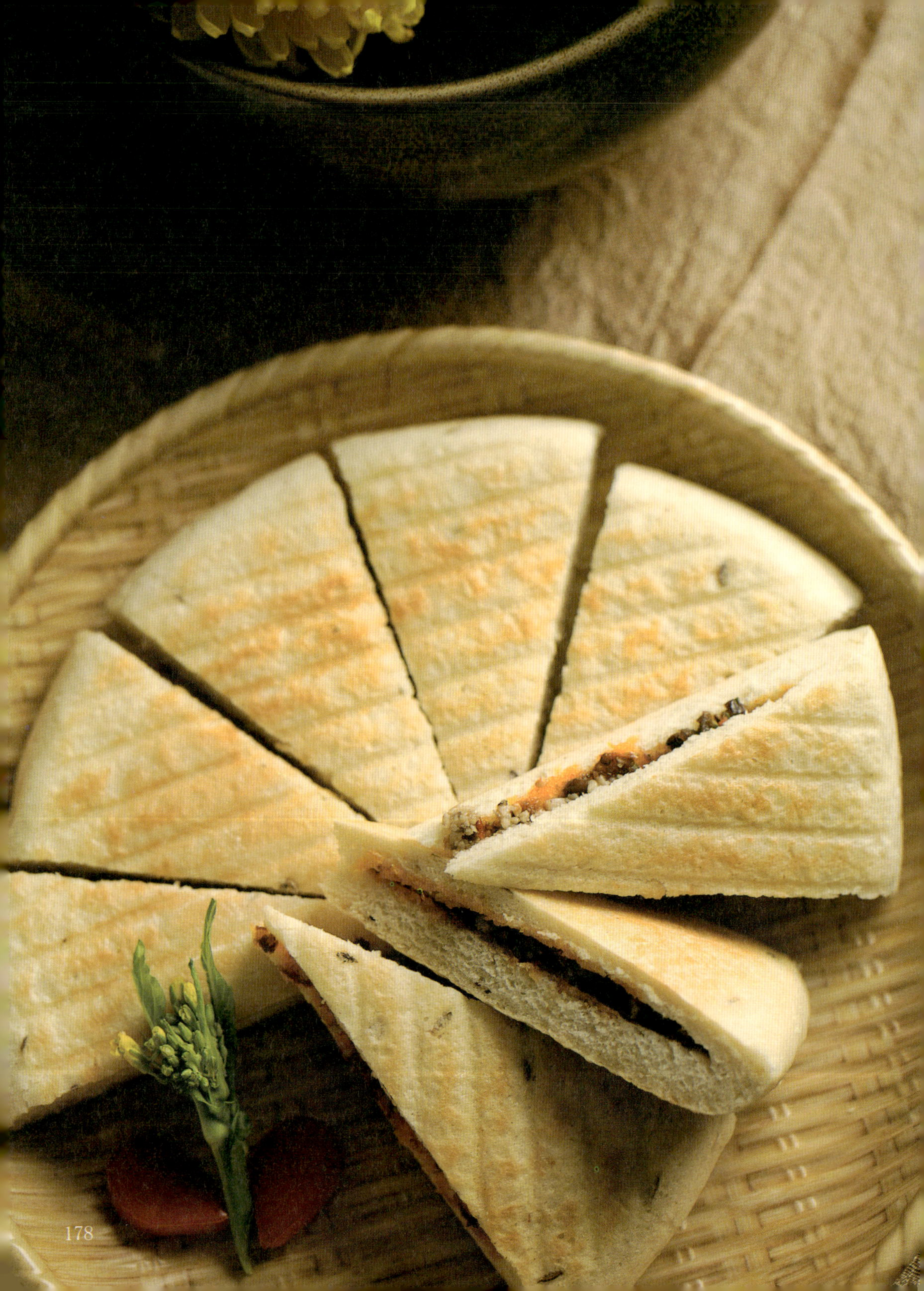

锅盔馍

食材

面粉300g　盐1.5g　发酵粉1.5g
小茴香1.5g　植物油15ml
温水150ml

步骤

1. 起锅，植物油少许，加入小茴香翻炒出香味，出锅待用。

2. 将盐、发酵粉溶入温水（40℃以下）中，搅拌均匀，静止10分钟。

3. 分三次将搅拌均匀的水倒入面粉中，并用筷子不断搅拌，使面粉成絮状。将面絮揉捏成团状至"三光"的效果。面团揉好后，包上保鲜膜，进行第一次醒发，约5～10分钟。

4. 取出面团，继续揉捏，至"三光"。放入容器中，包上保鲜膜，进行第二次醒发，醒发至面团为原先两倍大即可。

5. 取出醒发膨胀的面团，置于案板上，揉捏排出里面的气体，使面团紧实。

6. 揉好的面团擀成一个比电饼铛稍小的圆饼，盖住，进行第三次醒发，约20分钟。

7. 电饼铛预热，电饼铛上下轻刷一层植物油，将面饼放入。为了防止面饼膨胀，用筷子在面饼上扎几个眼。烙至两面金黄，约4～6分钟。用筷子扎眼可顺利干净抽出即可。

贴士

烙好的锅盔切块，可直接食用，也可根据喜好夹上各种配菜或酱料食用。

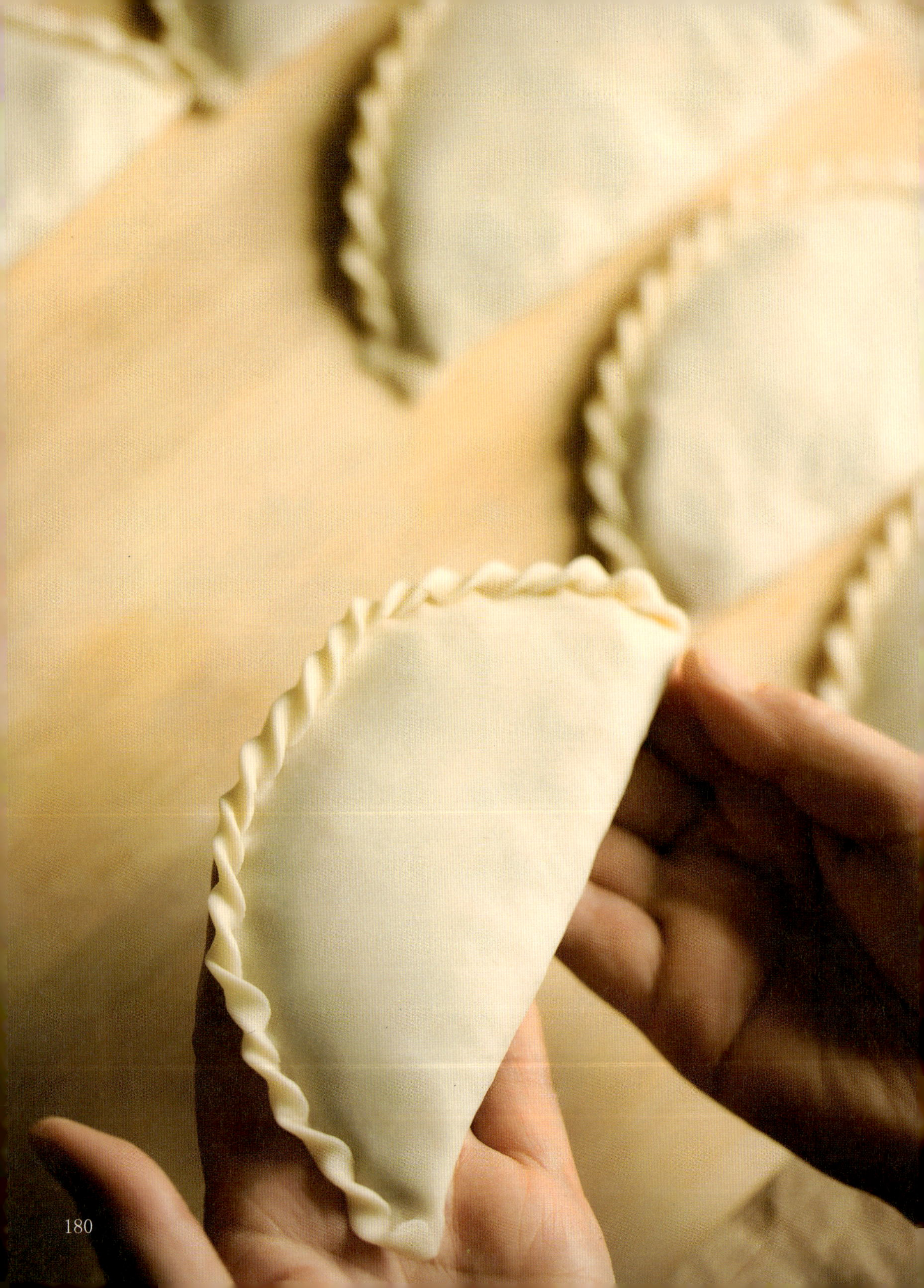

烙菜盒

食材 / 12人份

面皮
面粉150g 开水37.5ml 纯净水37.5ml

馅料
生姜1片 大豆蛋白片12g（撕碎） 豆腐200g
木耳6g 杏鲍菇半根 胡萝卜1根 粉条50g
西葫芦半根 盐5g 十三香2g 白胡椒粉2g
黑胡椒粉2g 素鲍鱼汁3ml 植物油15ml
酱油5ml

步骤

制作面皮

1. 烫面制作：取面粉75g，缓慢加入开水37.5ml，搅拌，揉捏成团。
2. 冷水面制作：取面粉75g，缓慢加入冷水37.5ml，搅拌，揉捏成团。
3. 将烫面团和冷水面团揉捏融合，放入容器，用保鲜膜封口，醒发1小时。

制作馅料

1. 生姜、大豆蛋白片、豆腐、杏鲍菇、胡萝卜、木耳、粉条、西葫芦清洗切碎，分开放在不同的容器内。
2. 将西葫芦碎撒盐挤出水分。
3. 起锅，植物油少许，姜末少许爆香，放入豆腐碎，翻炒至微黄，加入适量酱油、黑胡椒粉、白胡椒粉、素鲍鱼汁继续翻炒均匀，出锅待用。
4. 起锅，植物油少许，放入素蛋白碎，翻炒至微黄，加入适量酱油、黑胡椒粉、白胡椒粉、素鲍鱼汁继续翻炒均匀，出锅待用。
5. 起锅，植物油少许，放入杏鲍菇碎翻炒，炒至水汽蒸干，加入适量酱油、白胡椒粉、素鲍鱼汁继续翻炒均匀，出锅待用。
6. 起锅，植物油少许，放入胡萝卜，炒出胡萝卜素，放入酱油、盐、白胡椒搅拌均匀，出锅待用。
7. 将炒好的豆腐碎、蛋白碎、杏鲍菇碎、胡萝卜碎，以及木耳碎、粉条碎和挤干水分后的西葫芦碎放入容器中搅拌均匀，放入适量盐、十三香调味即可。

包菜盒

1. 将醒发好的面团揉匀搓成长条，平分成30g的小面团揉匀、压扁，用擀面杖将面皮擀成直径为15cm的圆形。
2. 称50g的馅料放入圆形面片的半圆上，将面皮重叠起来、用手轻轻将半圆形菜盒边捏紧，再捏成花边状即可。

烙菜盒

电饼铛预热，电饼铛上下轻刷一层植物油，将菜盒放入，烙至两面金黄，约6分钟即可成熟。（30g面皮配50g馅料，馅料里的菜品种类可根据喜好进行更换调整。）

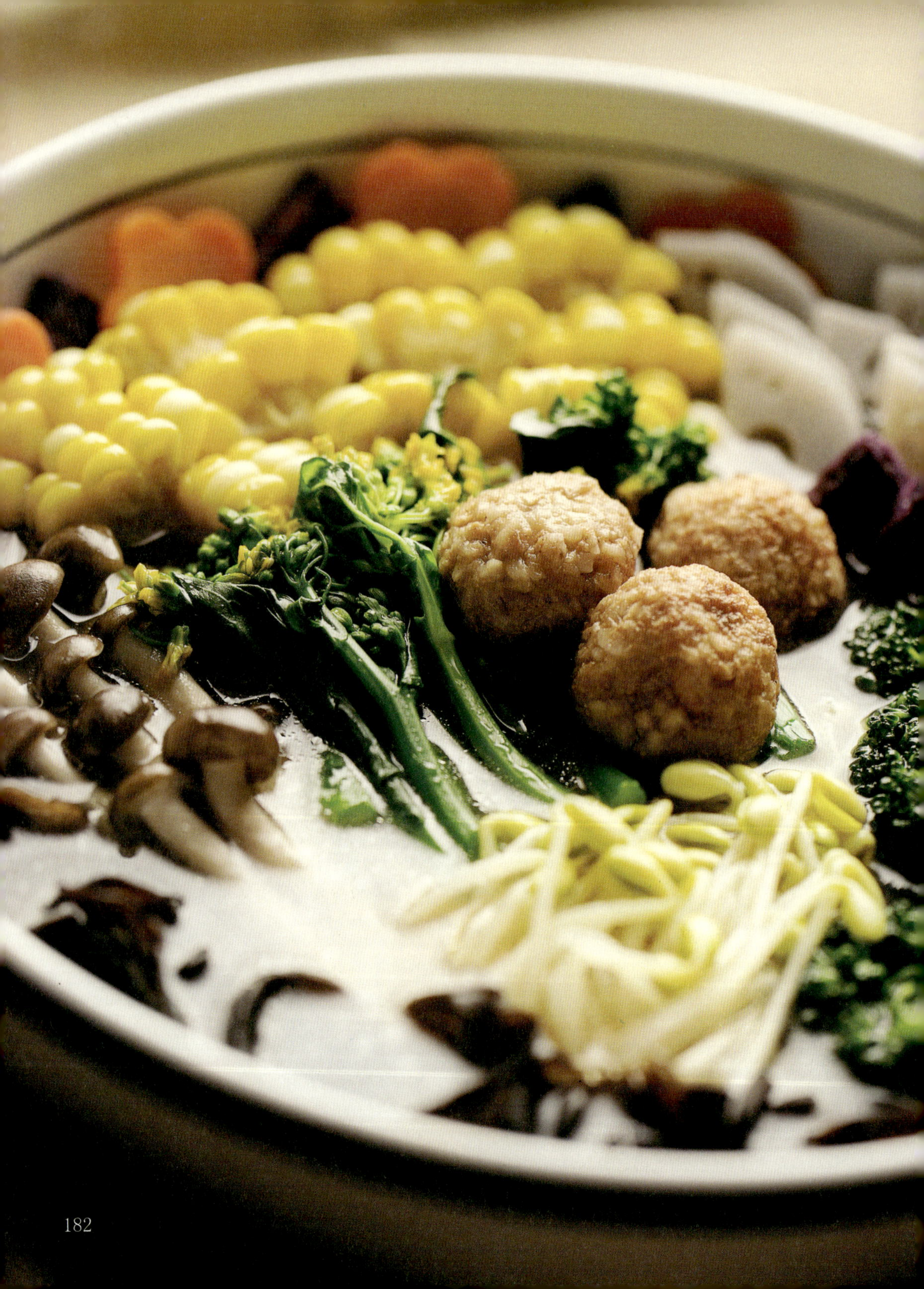

十三花

食材 / 12人份

丸子
山药60g 香菇50g 老豆腐90g 生姜3g 盐4g
十三香1g 玉米淀粉30g

主料
干粉带12根 干木耳4g 玉米200g 青笋80g
莲藕120g 白玉菇80g 黄豆芽240g 胡萝卜60g
青菜24片 红薯120g 豆腐皮80g 西兰花几朵

步骤

制作山药丸子

1. 香菇、老豆腐洗净，分别切碎。山药、生姜刮皮后清洗切碎。
2. 取容器，放入切好的山药、香菇、老豆腐、生姜碎，搅拌均匀；再依次放入盐、十三香、玉米淀粉搅拌均匀。
3. 将搅拌均匀的丸子馅料平分为24个小丸子。
4. 将小丸子放入油锅，炸至金黄，沥油捞出备用。

贴士

揉搓丸子的过程中，可给手心以及盛丸子的容器底部涂一薄层植物油，可减少馅料的损耗。

加工主料

1. 干木耳、干粉带提前泡发备用，其余主料清洗干净。
2. 西兰花切12朵，玉米切24小块，青笋切24片，莲藕切24块，白玉菇切36块，胡萝卜切24片，豆腐皮切丝，红薯切24块。
3. 烧一锅水，将西兰花、玉米、青笋、白玉菇、黄豆芽、胡萝卜、青菜、豆腐皮、粉带、木耳、莲藕依次分别单独放入锅中，焯水，沥水 捞出。

摆盘 淋汤

将食材放入适宜的容器中摆盘，最后淋上烧开的高汤。（高汤制作见前"素泡馍"菜谱。）

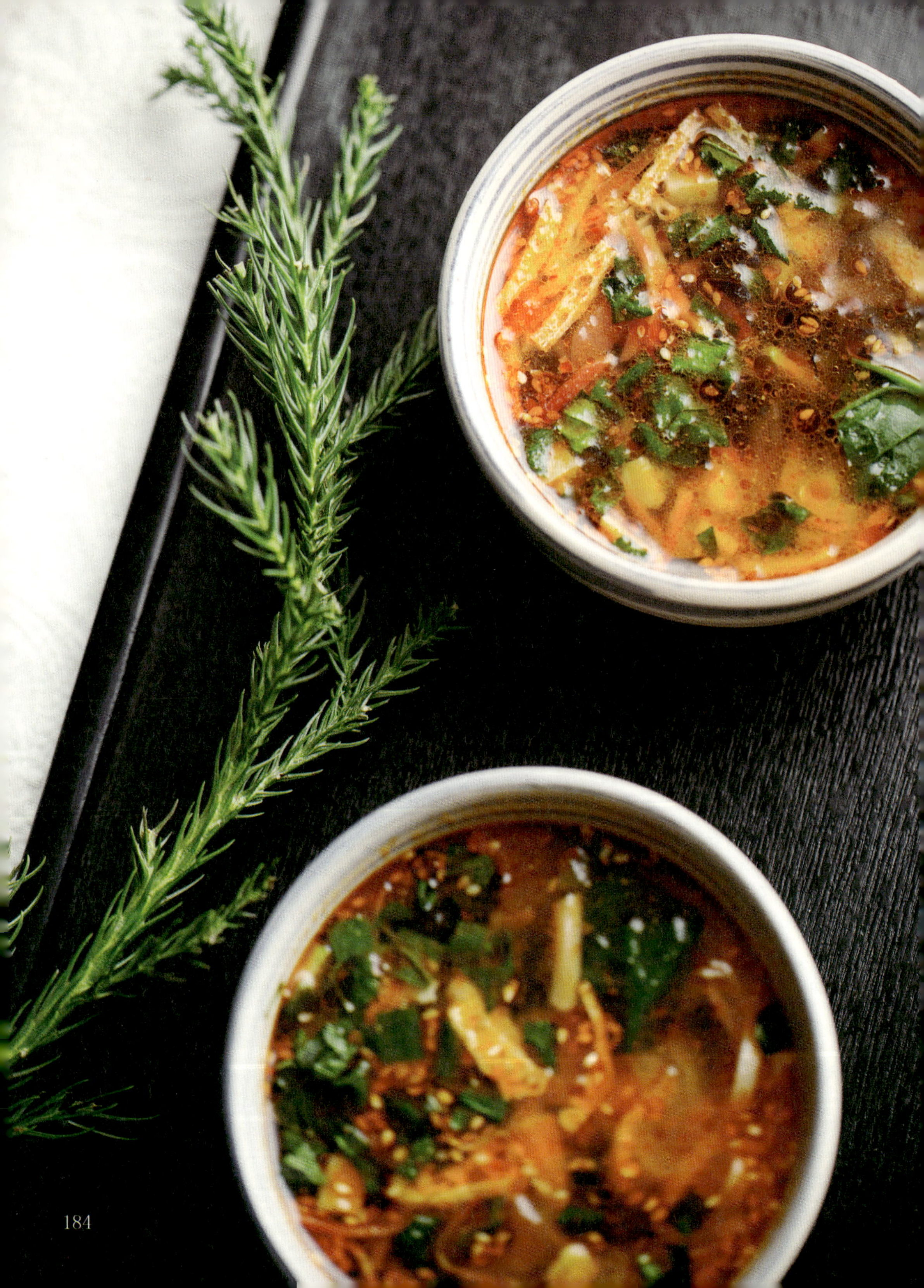

哨子面

食材

哨子汤

胡萝卜80g 西葫芦60g 豆角60g
老豆腐120g 白芝麻10g 番茄120g
菠菜60g 干黄花12g 干木耳8g
纯净水1.7L

调料

盐9g 生姜12g 白糖2g 香菇精1g
白芝麻10g 陈醋15ml 酱油3ml

面条

面粉200g 苏打1g 盐1g 温水100ml

步骤

制作哨子汤

1. 提前泡发黄花和木耳。

2. 胡萝卜用擦丝器擦成粗短丝状；木耳切丁；黄花切2cm小段；番茄切丁；生姜切末；豆角切丁焯水；菠菜部分切碎制作哨子点缀，剩余切大片煮面备用。

3. 豆腐切成0.5cm厚片状，入热油炸至偏干捞出，晾凉后切成2cm长的细丝。

4. 植物油30ml，姜末焗香，依次放胡萝卜、豆角、西葫芦、盐、十三香、少许酱油，八分熟放黄花，最后放入木耳翻炒均匀，干哨子制作完成。

5. 另外起锅，倒入植物油，姜末少许爆香，加入番茄炒至糊状，加纯净水1.7L，烧开。

6. 将剩余姜末和盐、陈醋、酱油、糖、香菇精，依次放入番茄汤中，搅拌均匀，烧开。再依次放入切好的炸豆腐丝、1/2炒好的素哨子、油辣子（根据口味添加），搅拌均匀。最后加入菠菜碎配色。

贴士

1. 干哨子炒好后分成两份，1/2量用于熬汤，1/2量用于出面时加料。

2. 哨子汤制作完成后，文火一直保证汤锅微滚。

3. 油辣子做法见"凉面皮"菜谱。

制作面条

1. 将盐、苏打溶入纯净水中，搅拌均匀。
2. 分三次将搅拌均匀的水倒入面粉中，并用筷子不断搅拌，使面粉成絮状。将面絮揉捏成团状至"三光"的效果。面团揉好后，包上保鲜膜，醒至少半个小时。
3. 醒好后，将面团取出，放至案板。擀开，擀面时面片朝一个方向转动，擀成薄面片。
4. 将面片来回折起来，切成0.3cm的细面待用。

煮面

半盆纯净水一旁备用。面条入锅，第二次水开后放入菠菜片。煮好的面捞出放入提前备好的纯净水中。

浇汤

捞面至碗内，摆平顺，浇哨子汤1勺、炒好的干哨子1勺，再加上汤锅内浮油汤，浇足即可。

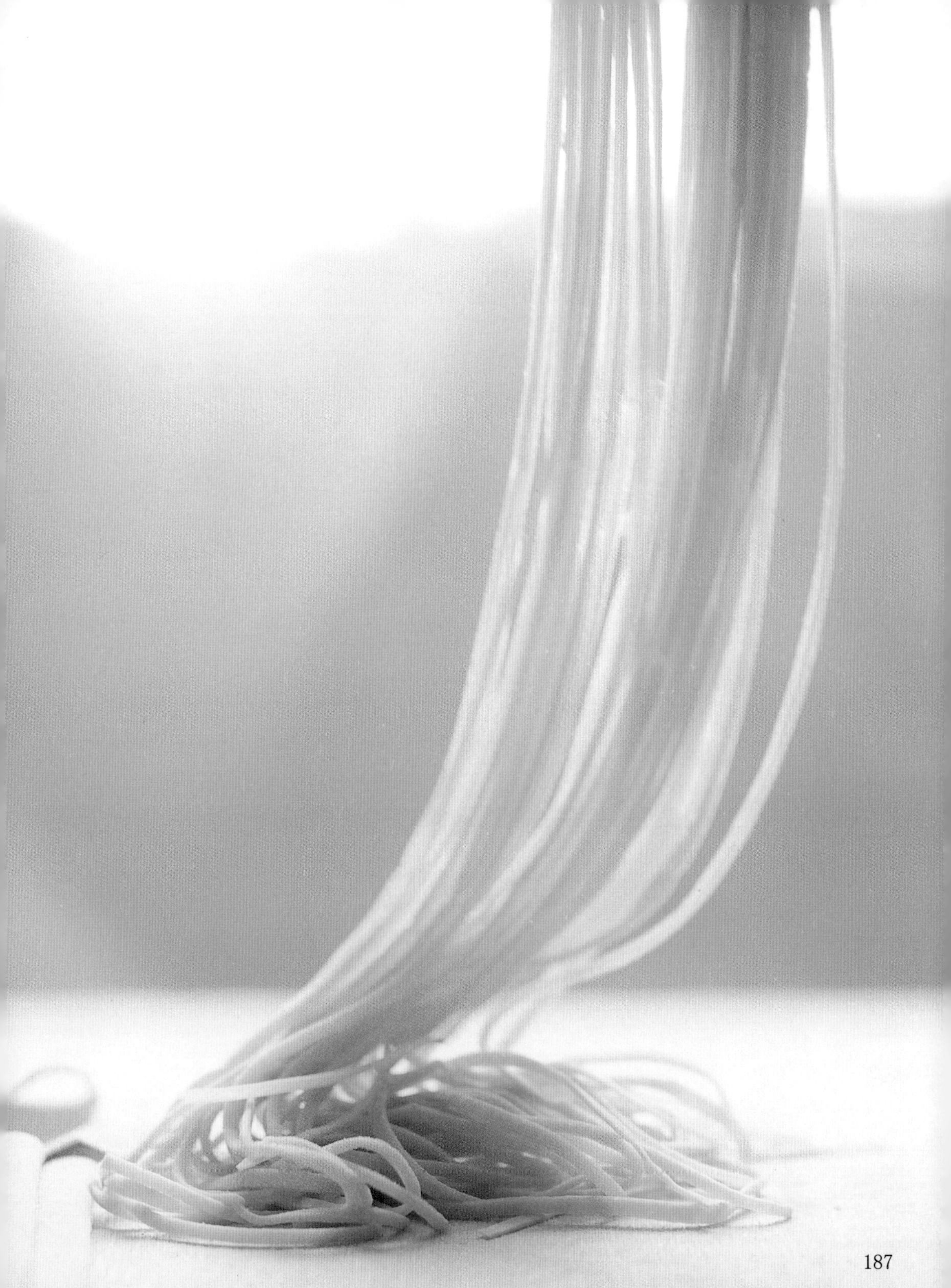

寻光

春的光,照进来,
心田间,明亮了,
照见彼此欢颜。

上帝说:要有光,便有了光。

若往心里去寻——
那光,
就从我们的心透亮。

日光下的手作,
是特别的体验。
阳光是最出彩的佐料,
让一道道美味,
自带光芒。

一个会心的对视,
每个默契的配合,
柔和了许多个瞬间。

愿以和悦颜,
化作春日光,
世间多美意,
寸寸暖人心。

阳光素宴

提拉米苏

鲜腐卷

番茄饭

国宝茶

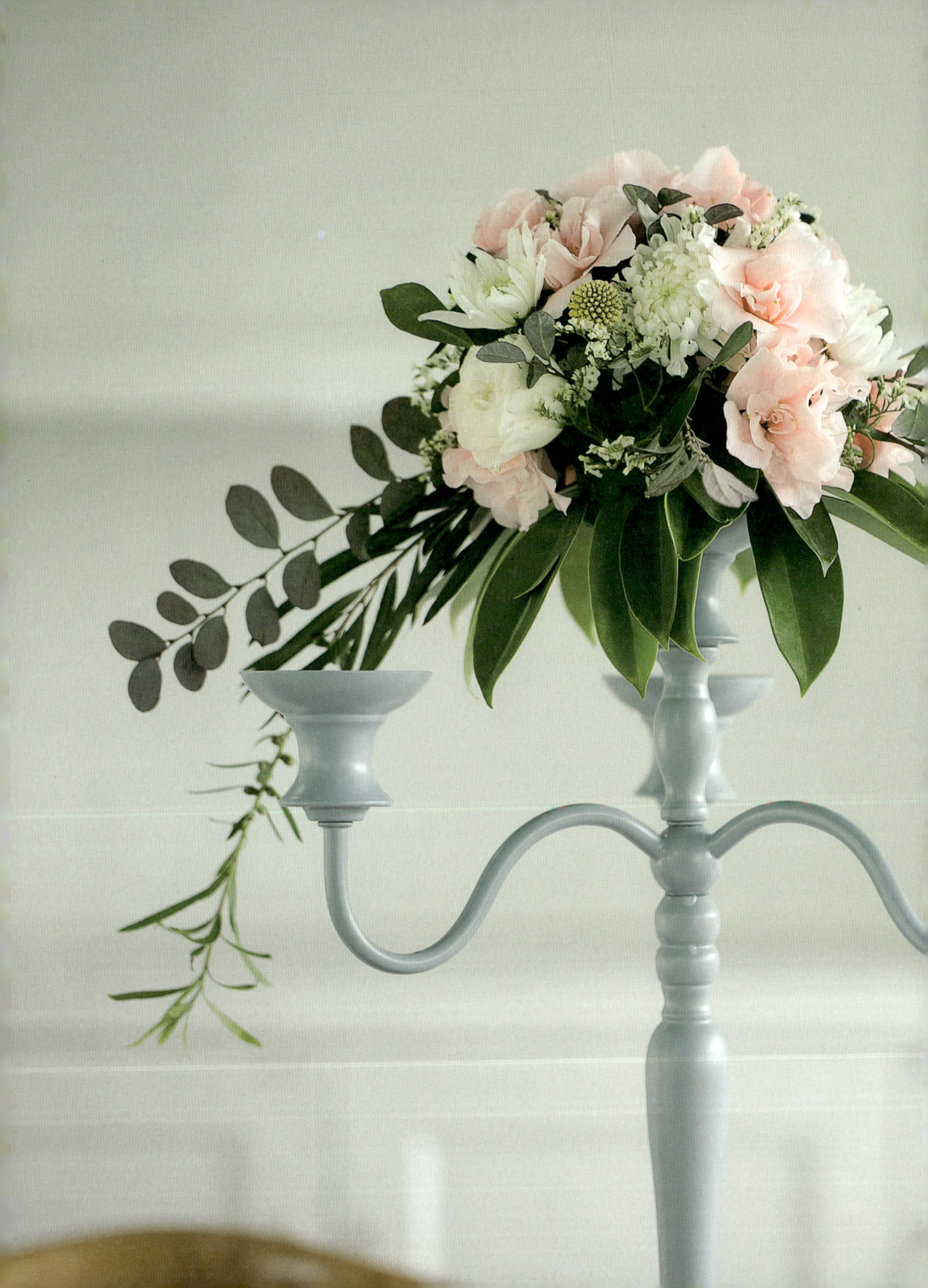

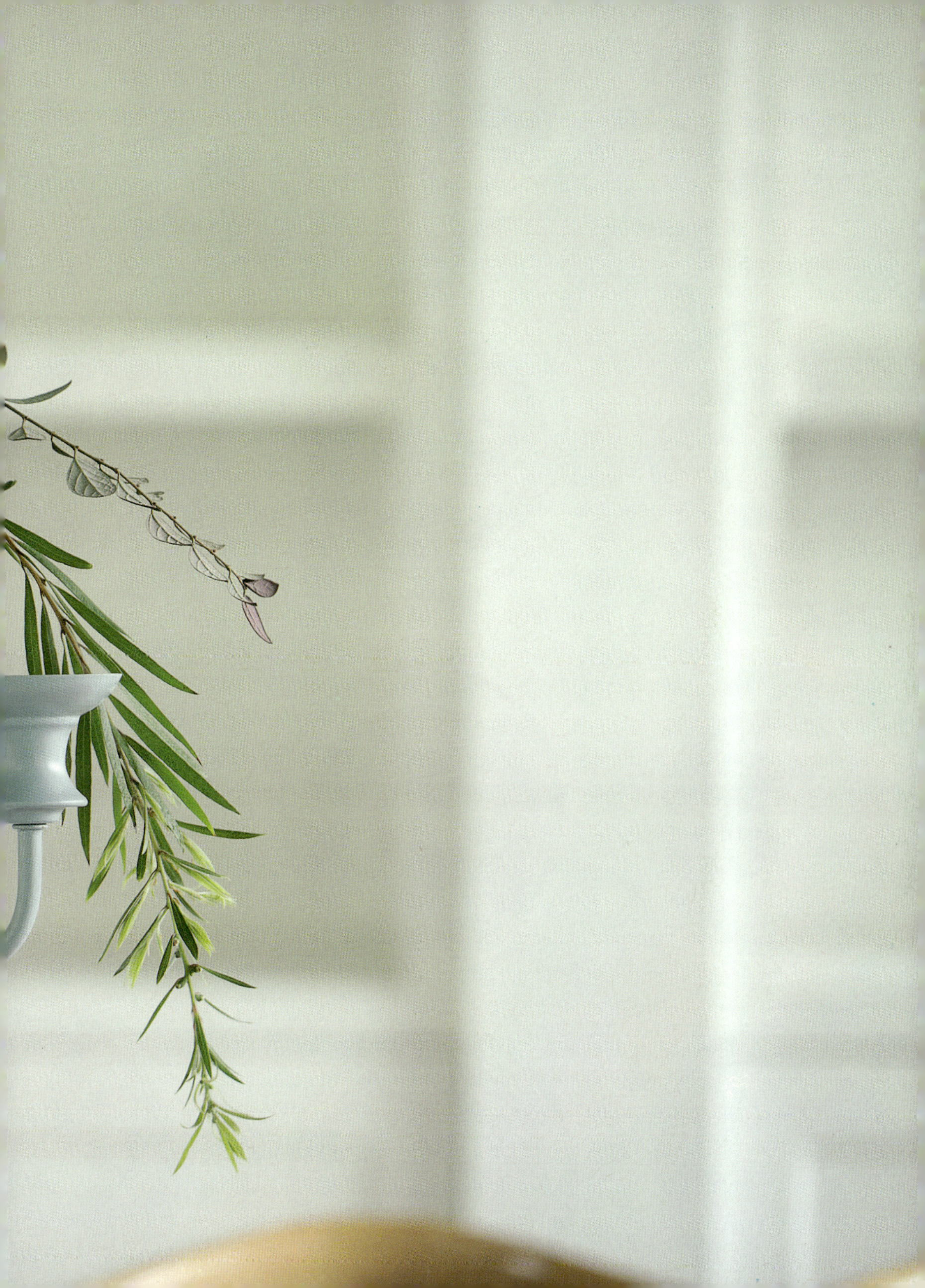

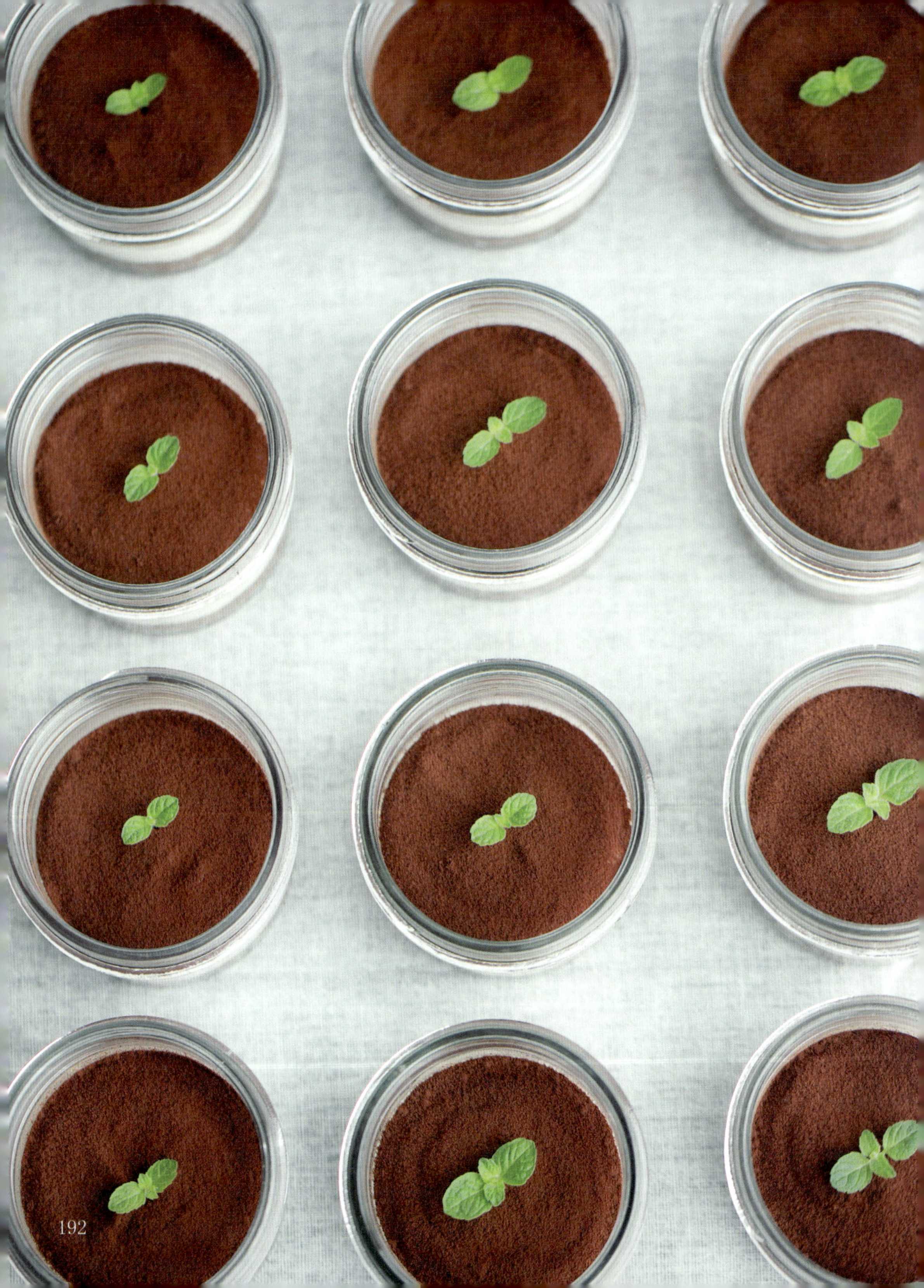

提拉米苏

食材 / 12人份

饼底
即食麦片80g 美国大杏仁100g 椰枣（去核）10g
意式浓缩咖啡液（或纯咖啡液）80ml

膏体
椰青果肉（约两个椰青）220g 枫糖浆65g
腰果（提前浸泡一小时）150g 椰青水80ml

表层装饰
可可粉适量 薄荷叶12支

工具
100ml果酱瓶12个

步骤

制作饼底

1. 首先制作饼底部分，将称量好的麦片、杏仁与去核椰枣加入搅拌机搅拌成粉末。
2. 将粉末倒入碗中，加入咖啡液，用勺子尽量混合均匀。
3. 戴上手套，像揉面一样，让粉状物料与咖啡液体充分混合，揉至融合即可。
4. 准备12个小玻璃瓶，将饼底食材分成12等份揉成小团放入瓶子，每个约为21克。
5. 在擀面杖一端包裹上保鲜膜，使用擀面杖将饼底压实，尽量压得平整，后续分层摆放时会比较整齐美观。

制作膏体

1. 腰果提前1小时浸泡好。
2. 打开椰青，依次将椰肉、腰果、椰子水和枫糖浆加入搅拌机，搅拌至顺滑。
3. 用勺子辅助称量膏体，每个约40克。建议填进瓶子中时尽量居中不碰杯壁，保持干净，可用勺子轻轻在中间按压，膏体会自然填充均匀。

表层装饰

1. 过筛可可粉。先围着外圈撒可可粉，再撒里圈，这样比较均匀。
2. 挑选大小、形状均匀的薄荷叶12片，清洗，吸干水，每杯中间插入1片。

贴士

1. 过筛网保持一定高度会更均匀。
2. 品尝时，建议用甜品勺一勺挖到底，可品尝到三层融合的口感。

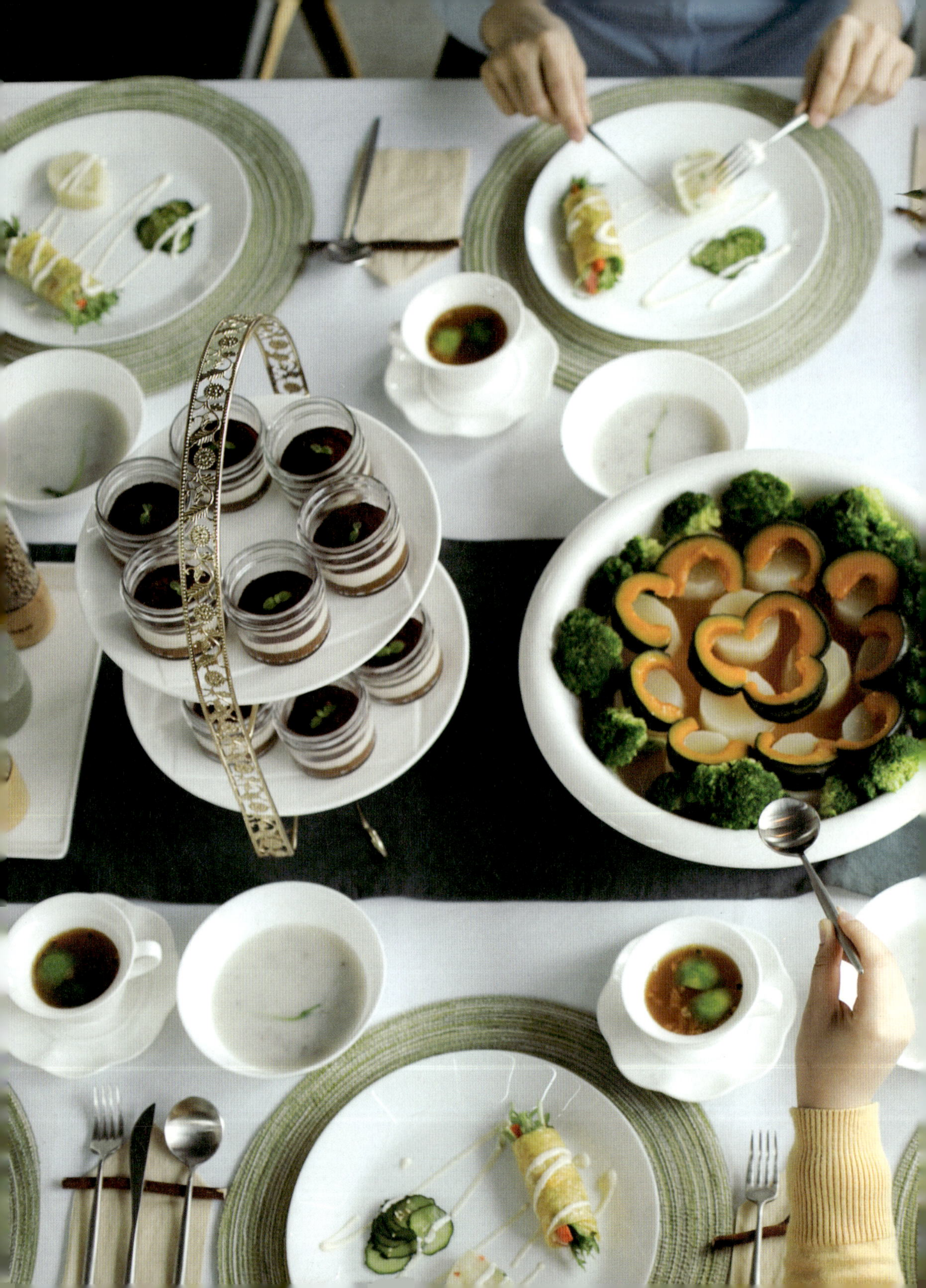

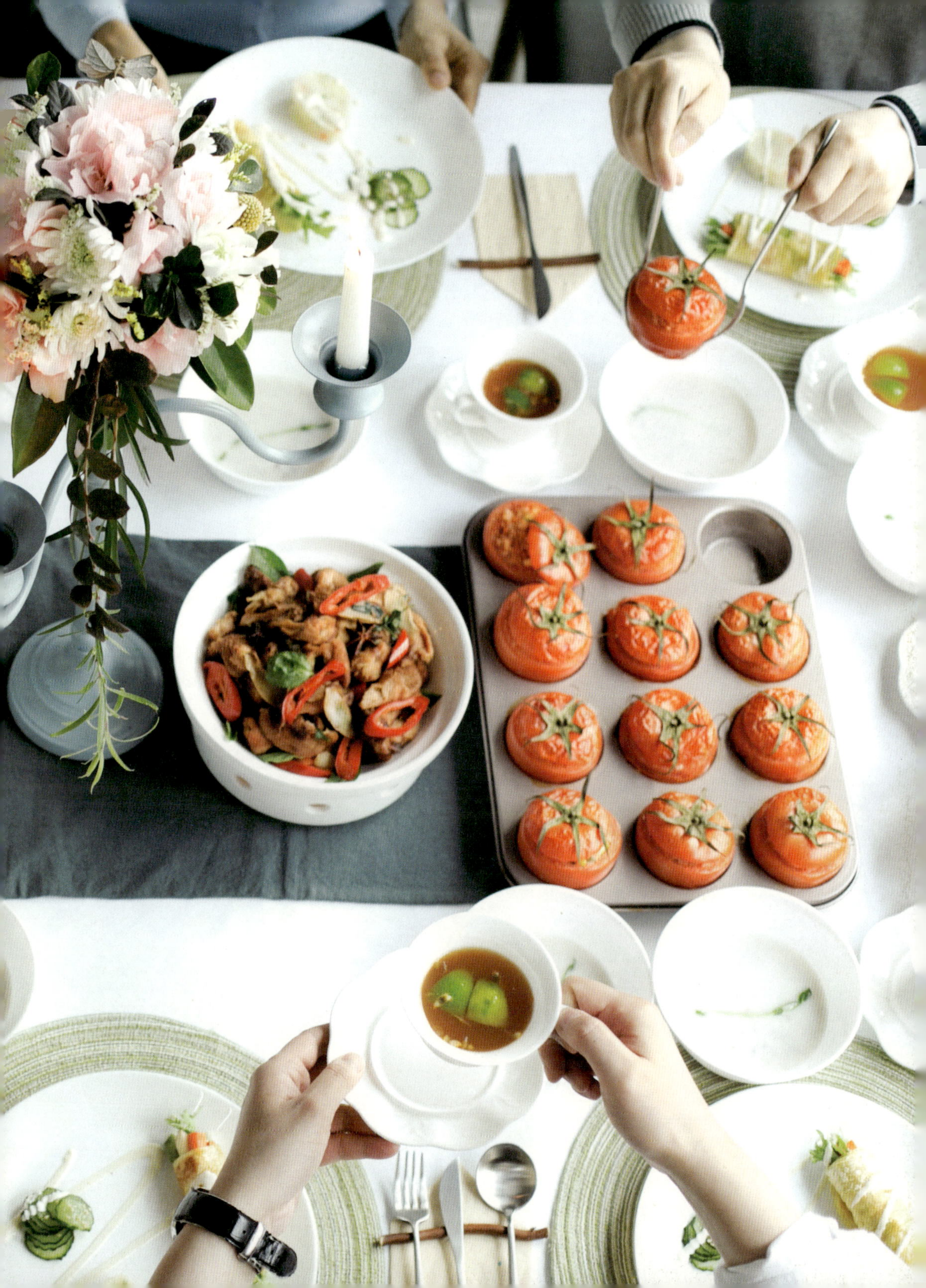

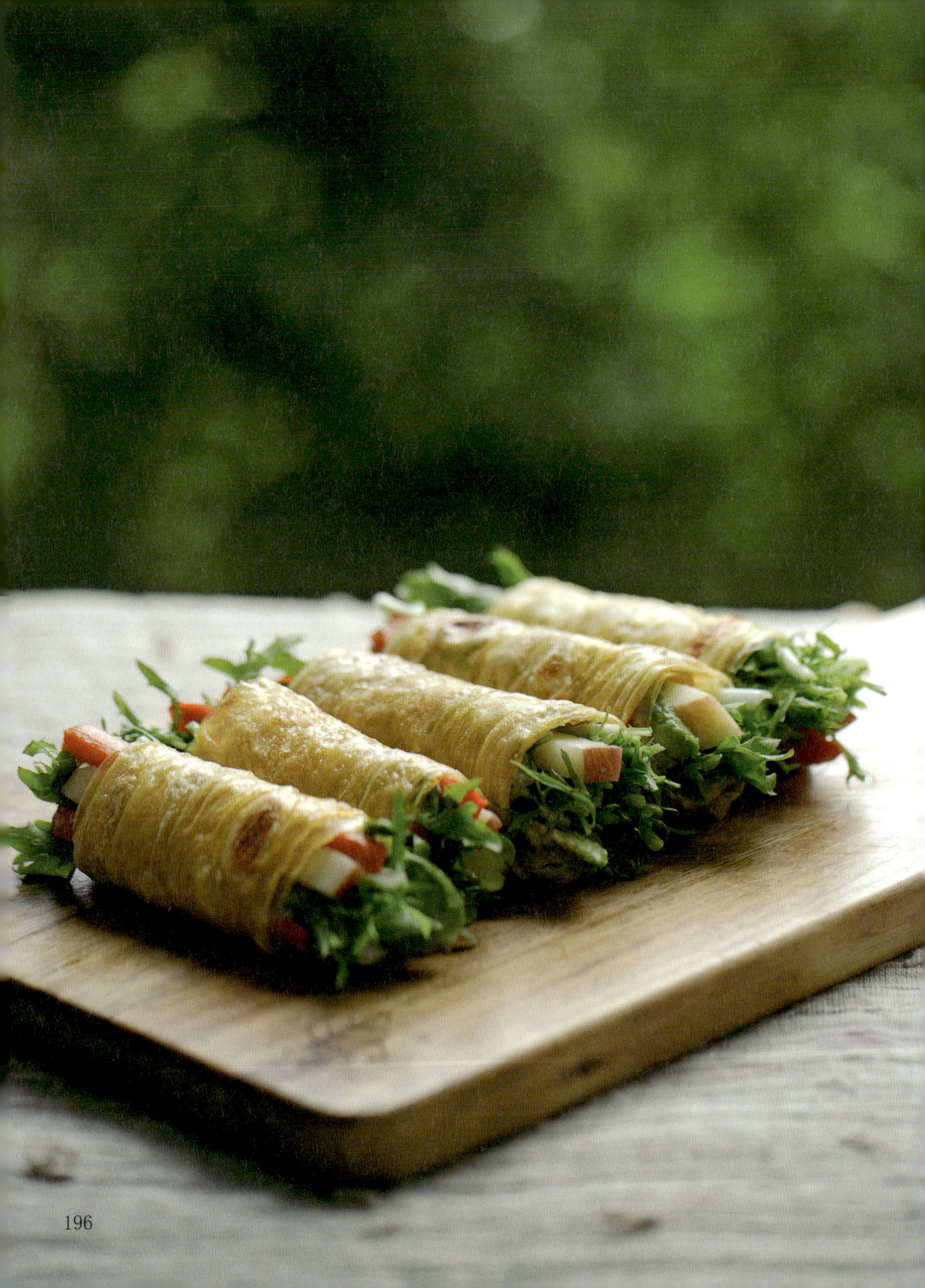

鲜腐卷

食材 / 12人份

鲜腐皮350g（20cm×8cm 15片）
胡萝卜120g 苹果1个（约200g）
牛油果2个 苦菊100g 松仁30g
玉米粒30g 豆苗80g 沙拉酱适量
植物油12ml

步骤

1. 将鲜腐皮放入植物油中煎好待用。

2. 将苹果按苹果长度切成24条。

3. 胡萝卜切24条，长度约9cm，均匀涂植物油，将烤箱预热5分钟，再调至200℃，将胡萝卜条放入烤箱烤6分钟。

4. 玉米煮熟待用，豆苗、苦菊分别分12份待用，牛油果切12份待用。

5. 取苹果、胡萝卜各2条，玉米、豆苗、苦菊、牛油果各1份放在一片腐皮的一端，放好后再挤适量沙拉酱调味。

6. 放好后开始卷腐皮，卷的过程建议不紧不松，既不散亦保证它的完整度。

7. 卷好后，用沙拉酱稍做点缀。

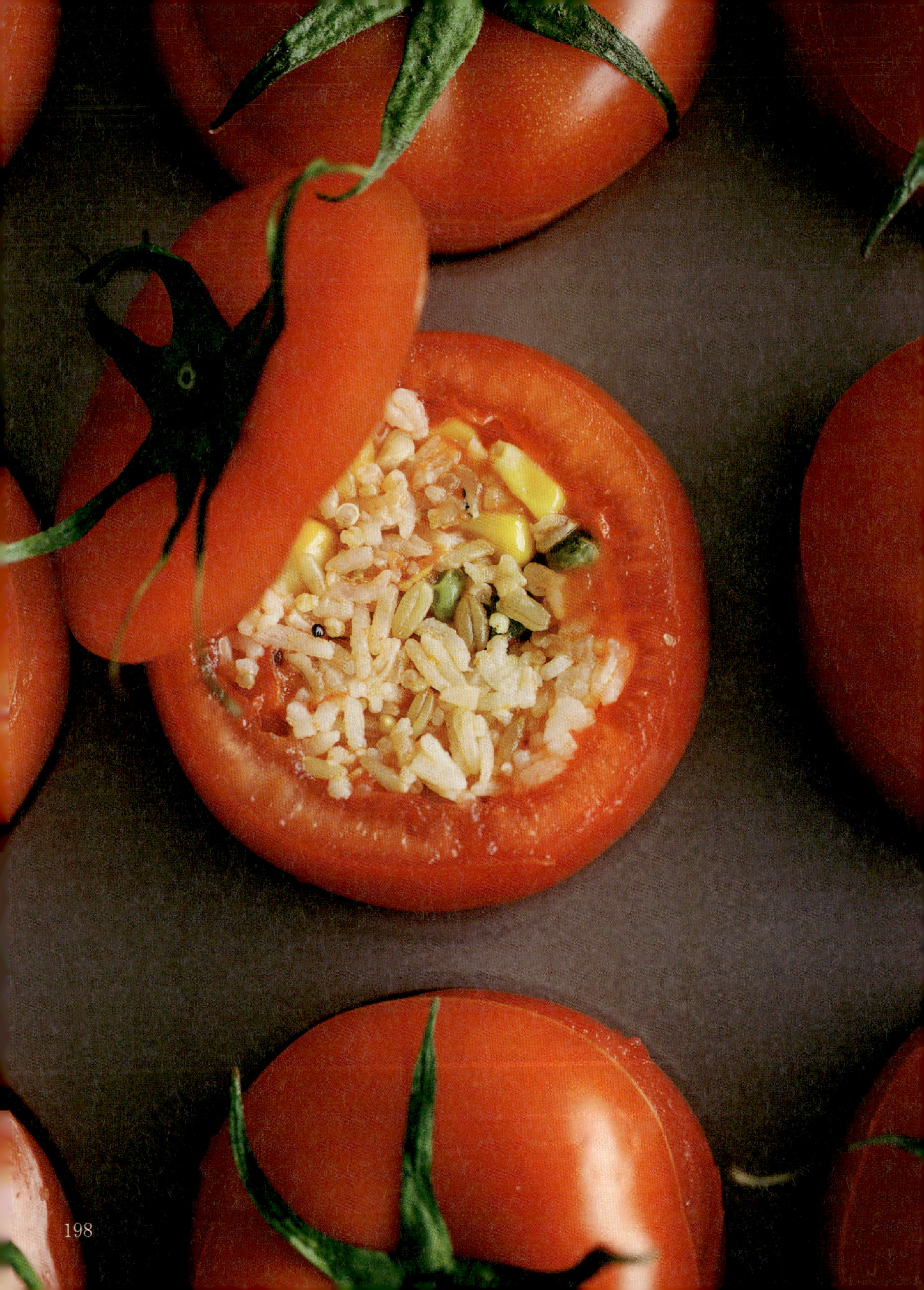

番茄饭

食材 / 12人份

米饭部分

大米400g　番茄1个　燕麦米50g　糙米50g
玉米粒120克　青豆100g　盐6g　黑胡椒少许
植物油30ml　纯净水450ml

番茄盅

大番茄（单个重约200g）12个　糖1勺
胡椒粉6g　酱油12ml　植物油24ml

步骤

制作米饭

1. 糙米提前泡6个小时以上。
2. 将称好的米饭材料放入锅内。
3. 番茄对半切去蒂，中间划十字，番茄面朝下铺在米上，开启煮饭模式。

制作番茄盅

1. 挑12个体形均匀的大番茄，横切一刀（分成两部分，上层做盖，下层做番茄盅），用小汤勺挖空番茄，留大概1cm的边，把番茄果肉和汁挖出盛入碗里。
2. 热不粘锅，放适量植物油，将番茄果肉倒入锅中，放1汤匙的糖，小火熬煮20分钟，过程中不断地搅拌，直至番茄果肉熬煮为番茄酱，放1/4茶匙盐，搅拌融化后，盛出待用。
3. 将煮好的米饭中的番茄去皮，米饭打松，将番茄酱拌入饭中。
4. 打开大番茄盖，把酱油、胡椒粉用食用刷涂在番茄内壁，用勺子把拌饭盛入番茄盅里，再加入一勺番茄汁在顶部，盖上盖子。
5. 将烤箱上下管设置为230℃预热，番茄盅全部盛好后，放入烤箱。尽量放在烤箱中部，使受热均匀，烤30分钟即可出炉。

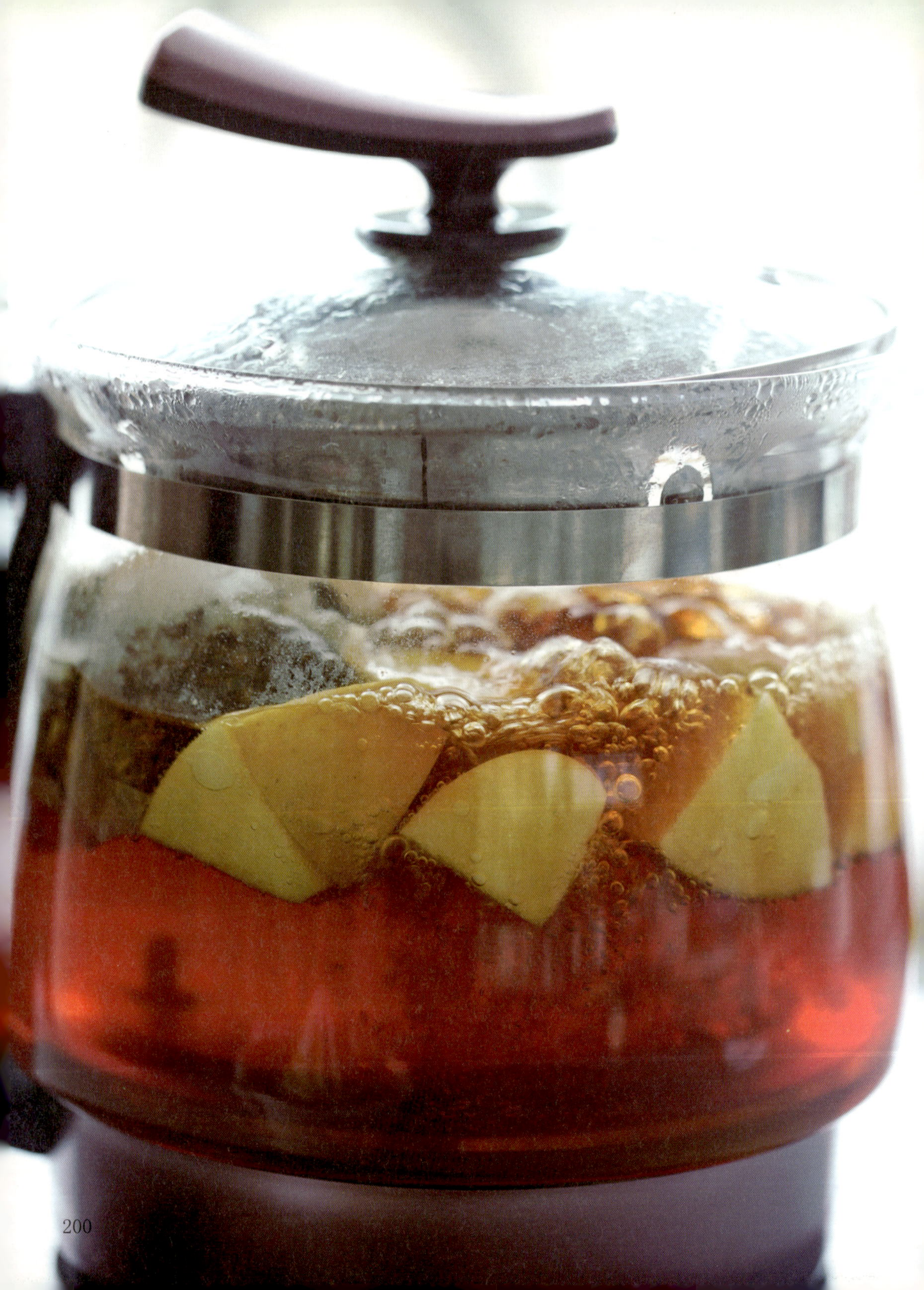

国宝茶

食材 / 12人份

百香果2个　橙子3个　苹果1个　青柠2个
冰糖75g　国宝茶4茶包
香茅草1根　纯净水2L

注：国宝茶是来自南非开普敦200公里以北的塞德博格地区，"黄金""钻石""国宝茶"并称南非三宝。

步骤

1. 将水果表皮尽量清洗干净，保证水果茶的浓郁果香，需要连同果皮一起使用。
2. 将百香果肉挖出、青柠分为8小块、冰糖75g混合放入一个小碗，静置待用。
3. 将苹果洗干净，带皮切成小块全部放入锅中，加纯净水2L煮沸后，转小火继续煮10分钟。
4. 将橙子皮刷洗干净，用手动榨汁机取汁（约225ml）待用。
5. 苹果煮10分钟后，将百香果壳、橙子皮、香茅草放入，小火继续煮5分钟。
6. 将青柠、百香果酱均匀分入12个茶杯，再将茶汤注入茶杯中即可。

贴士

可以多备1L沸水，在熬煮过程中加水调节到合适的浓稠度。

春晖

临别时,
思念最浓。
临行时,
叮咛最密。

年节里,
相逢,聚首,谈笑,开怀……
上元日,
告别,尽欢,追忆,想念……

在春暖之时,
做一桌思乡宴,
让异乡无异客。
尝尝那些熟悉的味道,
就像是从未远行。

常常怀感恩,
处处沐春晖。

春晓素宴

客家擂茶
三鲜豆皮
紫玉天贝
四喜烤麸
北方烙饼
胡辣汤

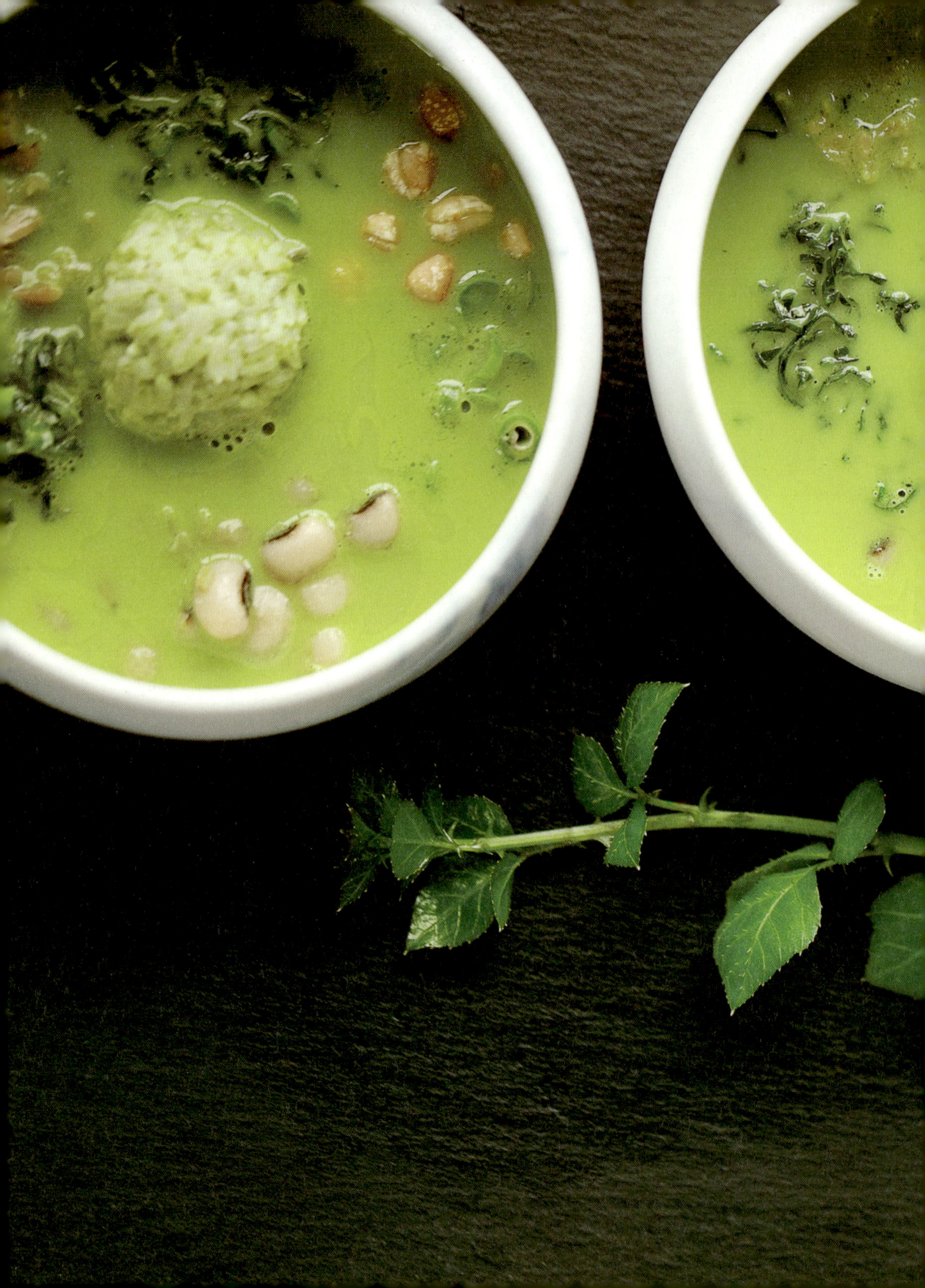

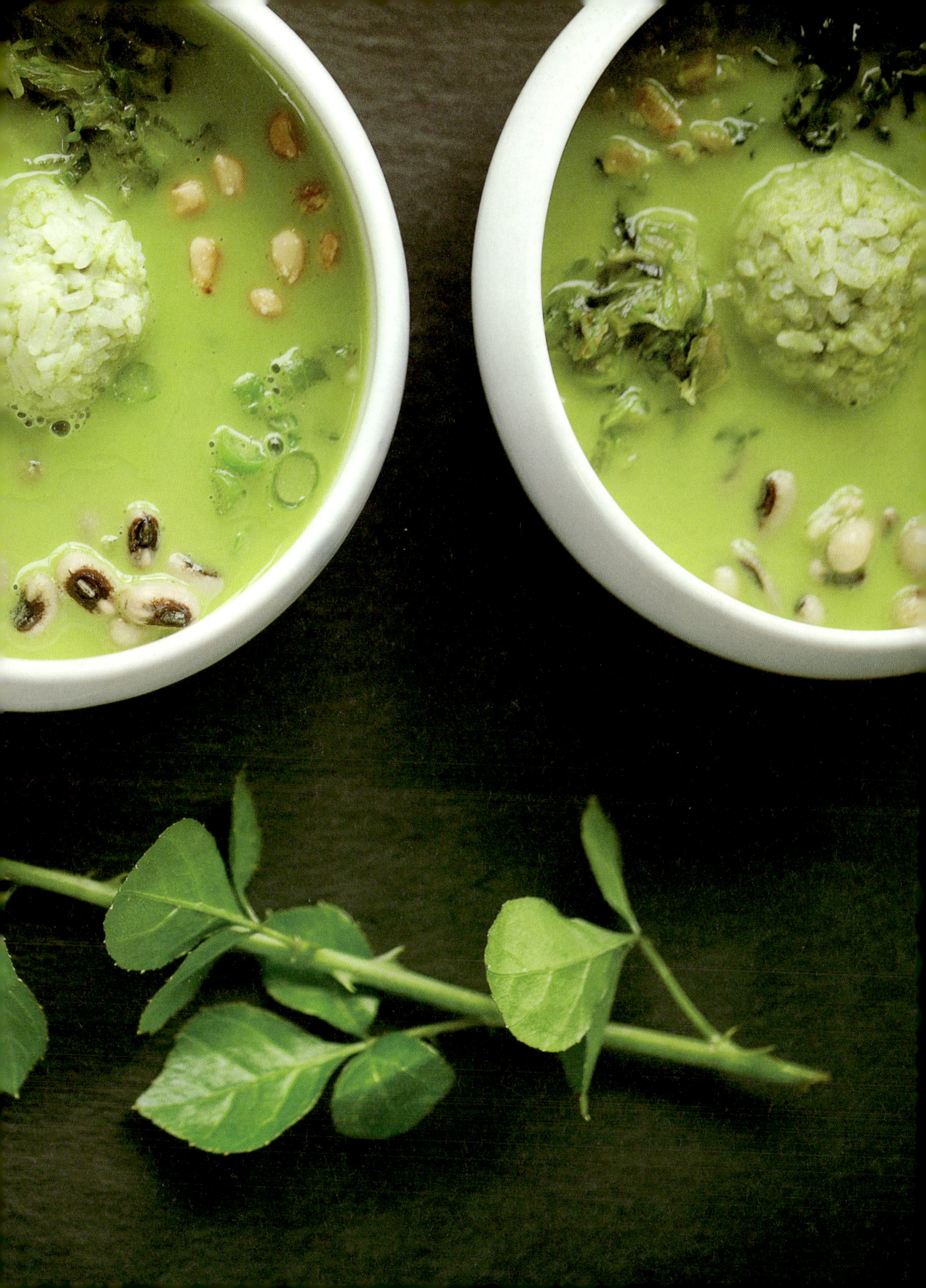

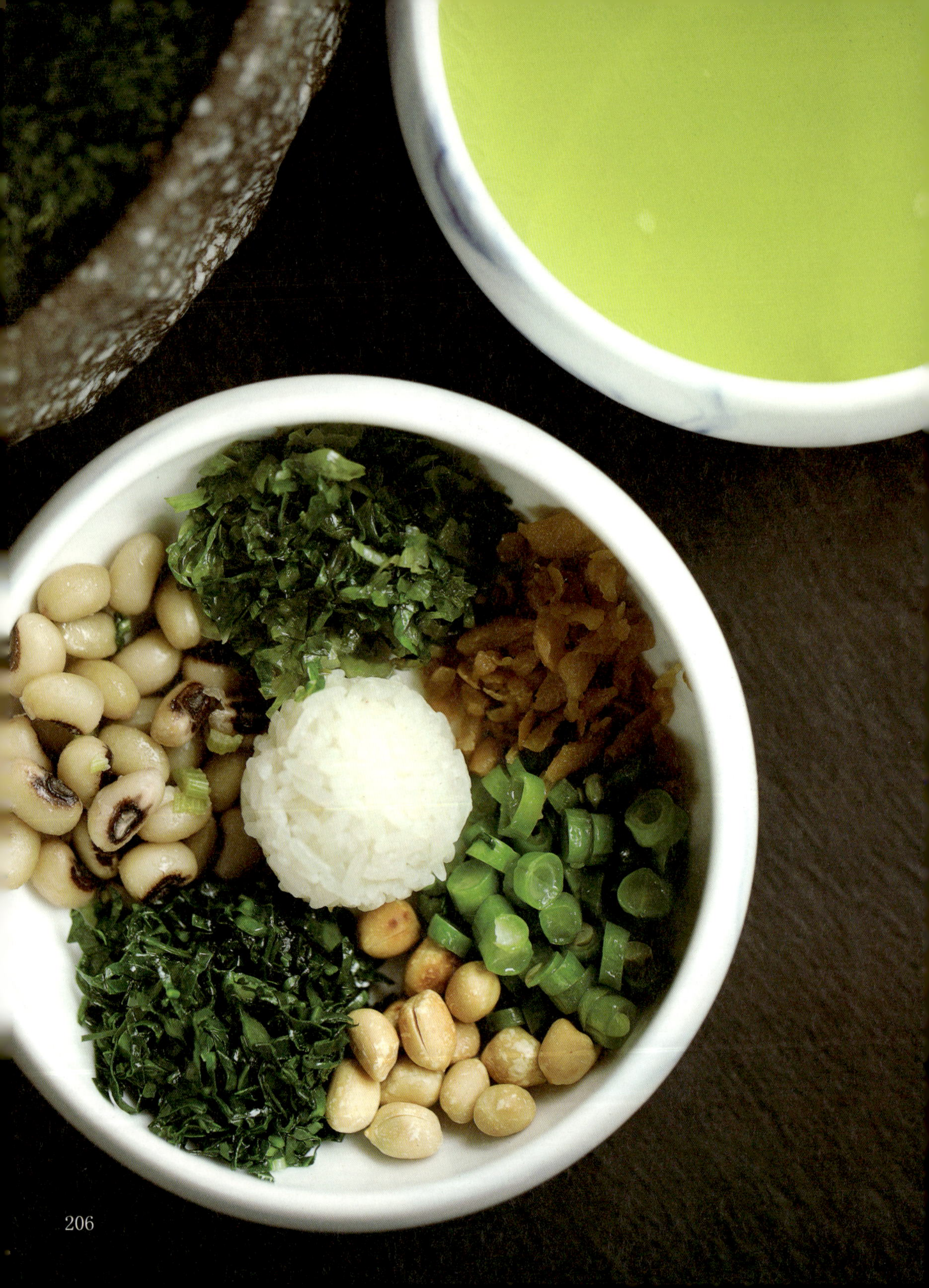

客家擂茶

食材 / 1人份

擂茶配菜
萝卜干5g 豆角12g 眉豆8g
香芹3g 菜心10g 生菜15g
花生米6g 熟米饭15g

汤材料
香菜4g 簕菜0.3g 薄荷2g
白芝麻3g 花生米4g 绿茶0.2g
开水 150ml

步骤

准备食材

1. 白米和纯净水以1:1比例煮擂茶饭。

2. 眉豆预先泡2～4小时，加纯净水煮20分钟（干豆子煮35分钟），关火再泡20分钟后捞起待用。注意：眉豆不同品种煮的时间长短也不同，眉豆不要煮过熟（以粒不烂为宜）。

3. 萝卜干洗净，平整卷曲的部分，先切成细长条，再切成小丁，待用。

4. 豆角切成2mm宽的小丁，待用。

5. 香菜、簕菜切碎，混合待用。

6. 菜心梗切宽为5mm的小块；菜心叶、生菜叶切长、宽各1cm，待用。

7. 白芝麻和花生米分别干锅小火炒熟，待用。

准备配菜

1. 香菜、薄荷、勒菜等用少量植物油，中火翻炒熟，加少量盐，盛起待用。
2. 放油热锅放香芹粒炒香，加入煲煮的眉豆翻炒均匀，放适量盐起锅。
3. 加少量油大火炒熟豆角丁，加少量盐（以保持菜色鲜绿为宜）。
4. 放油大火炒熟生菜段，加盐略炒几下起锅（生菜大火快炒不会出水）。
5. 放油大火炒菜心碎，加盐略炒几下起锅。

制作擂茶汤

1. 把绿茶碎、白芝麻、花生米、混合香菜（炒好的勒菜、薄荷、香菜）放入搅拌机，加入适量热开水搅拌。搅拌过程中分次添滚水，直至搅打均匀，制成擂茶羹。
2. 再用擂茶羹兑开水（每人120ml）制成擂茶汤。
3. 碗里加入15g左右的米饭，放各种适量的食材，炒好的花生最后放（保持香脆），倒入制成的擂茶。

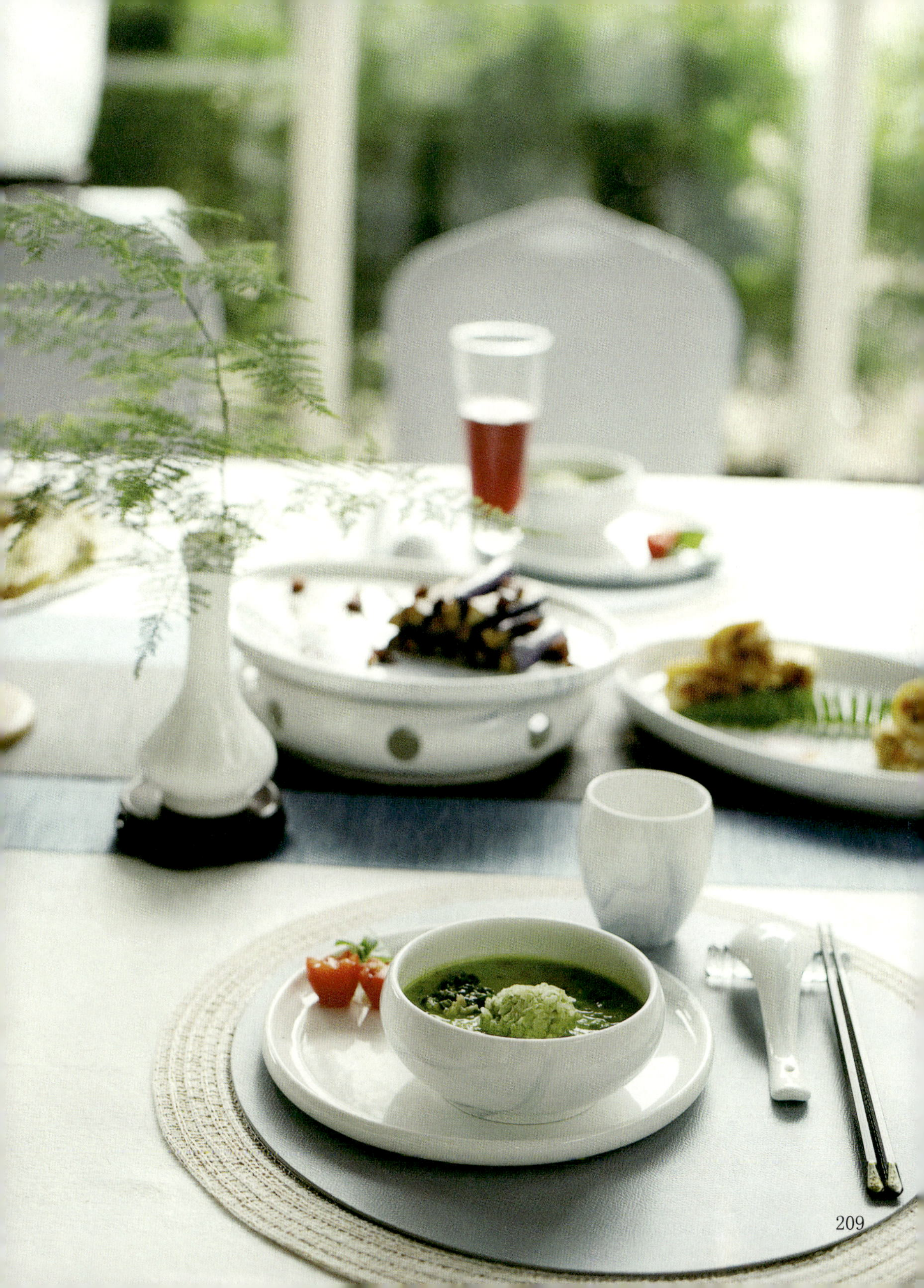

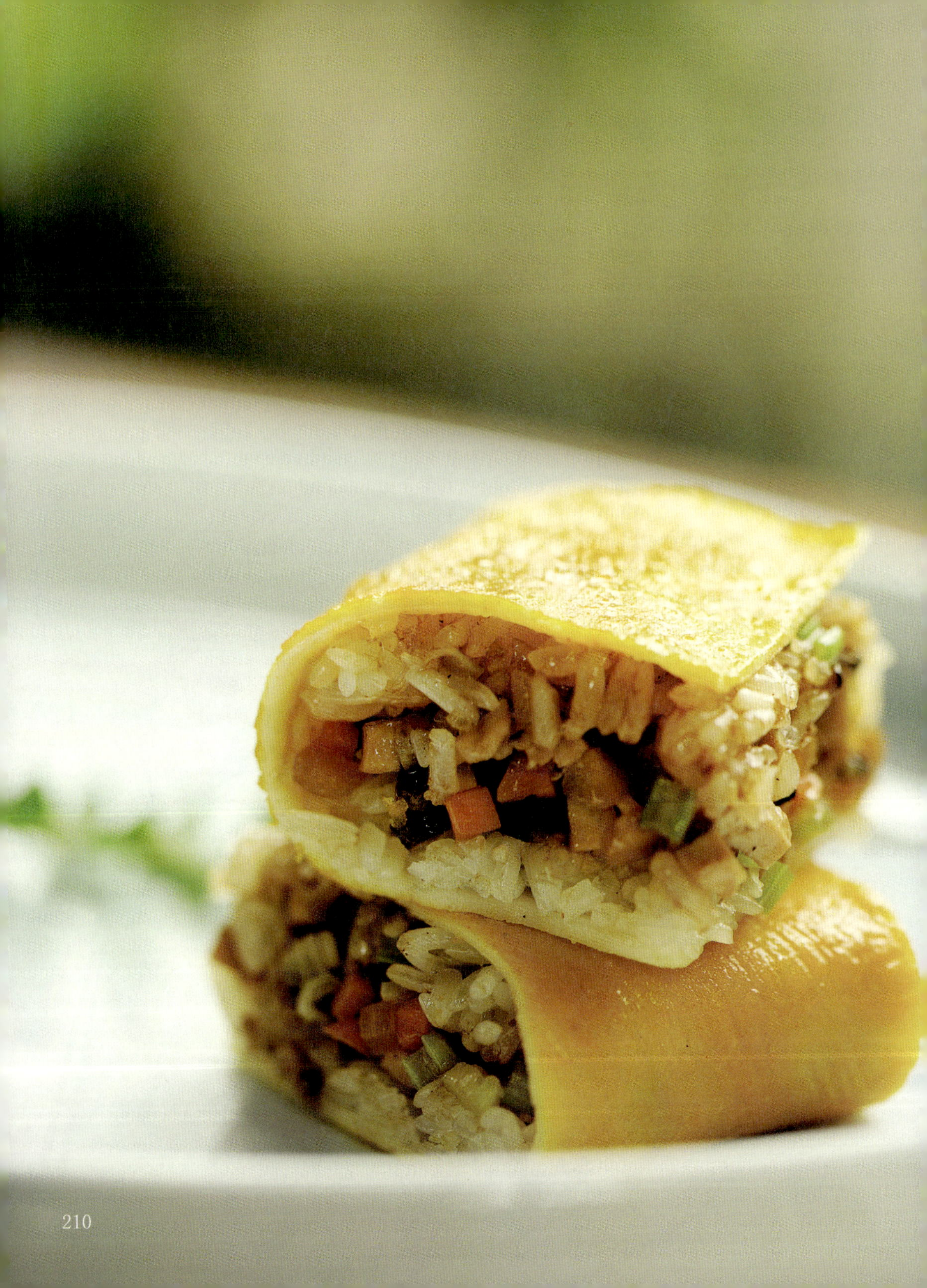

三鲜豆皮

食材 / 12人份

外皮
去皮绿豆72g 大米24g 干糯米120g

馅料
干香菇8g 香干24g 萝卜干12g 鲜笋24g
胡萝卜24g 香芹18g 姜6g 盐1g 糖3g
胡椒粉2g 酱油7ml 老抽2ml
素鲍汁2ml 香油2ml
花椒油3ml（加入纯净水110ml成卤汁）

南瓜粉水
南瓜粉6g 纯净水6ml

步骤

外皮

1. 将提前一晚泡发的绿豆和大米的水沥干后称重，加入等量的纯净水，用破壁机打三次，每次10秒，打成没有颗粒的米浆，米浆醒2小时以上。

2. 摊皮，称量好米浆冷锅冷油倒入锅里，转动锅，让米浆均匀铺平，开小火，慢慢把米浆摊成薄饼，把南瓜粉水轻轻地刷到面皮上，继而翻面煎，盛出待用。

蒸糯米

1. 糯米需提前一晚泡水。沥干水，加入植物油2ml、盐1g拌匀，蒸锅铺上湿的蒸布，把糯米均匀地平铺在蒸布上，不要压实。

2. 开大火蒸10分钟，再撒少许凉水，稍稍翻动糯米，让蒸气上来，盖上盖继续蒸15分钟，关火保温。

馅料

1. 将香菇、笋、香干、萝卜干、胡萝卜、香芹分别切成3mm的小丁，姜磨成姜蓉待用。单独炒香香芹，加少许盐，待用。

2. 锅里再放植物油20ml，依此加入食材炒香，姜蓉、香菇、笋、香干、萝卜干、胡萝卜倒入卤汁加盖煮3分钟，加入胡椒粉炒匀，关火加入香油。把炒好的馅料和香芹混合拌匀。

包豆皮

1. 称量两份蒸熟的糯米饭各55g，各摊平成两个长方形6cm×10cm，另称量好一份馅料75g。

2. 一份糯米放在摊好的面皮正中间，将馅料铺平轻轻压紧，再铺上另一份糯米。

3. 四边对边包起，四个角收好，收口压紧。回锅两面稍煎金黄出锅，切块摆盘即可。

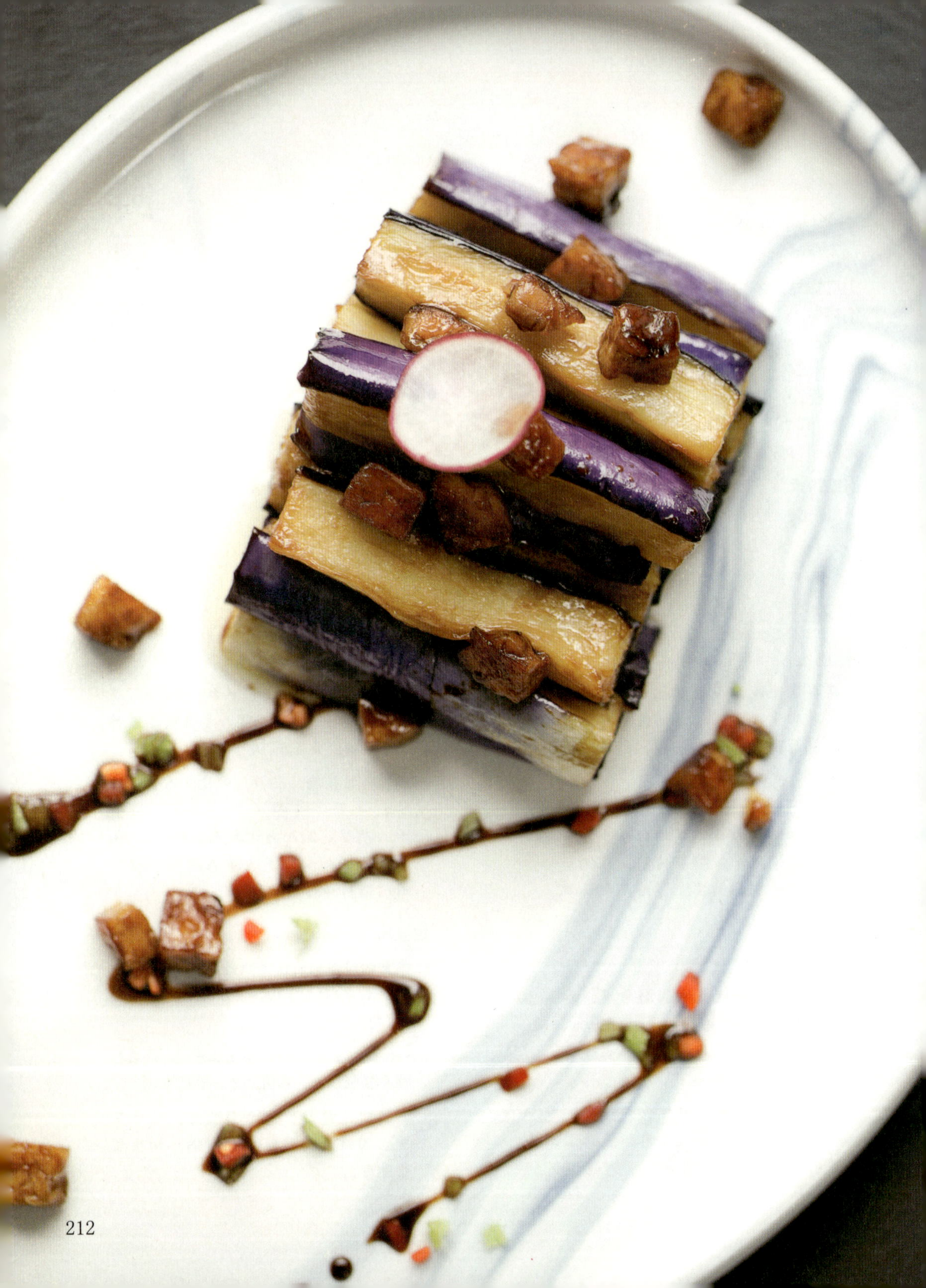

紫玉天贝

食材 / 12人份

长茄子480g　天贝72g　芹菜粒
红椒粒　姜片6片　酱油6ml
老抽6ml　素鲍鱼汁12ml

步骤

1. 天贝切0.6cm的小方块，用中火煎香煎黄，调味。

2. 茄子切成长8cm、宽1.5cm的扇形柱，放入180℃的油锅（植物油700ml，没过茄子）中炸50秒左右。出锅的时候用勺子压压，控出些油，尽量保持茄子形状。

3. 将油倒出，用锅里剩下的油小火煸香姜片，转大火加入茄条，分别放酱油、素鲍鱼汁、老抽翻炒均匀融合香味。

4. 加入天贝翻炒，转砂锅，焖10分钟，出锅前加入芹菜粒和红椒粒摆盘即可。

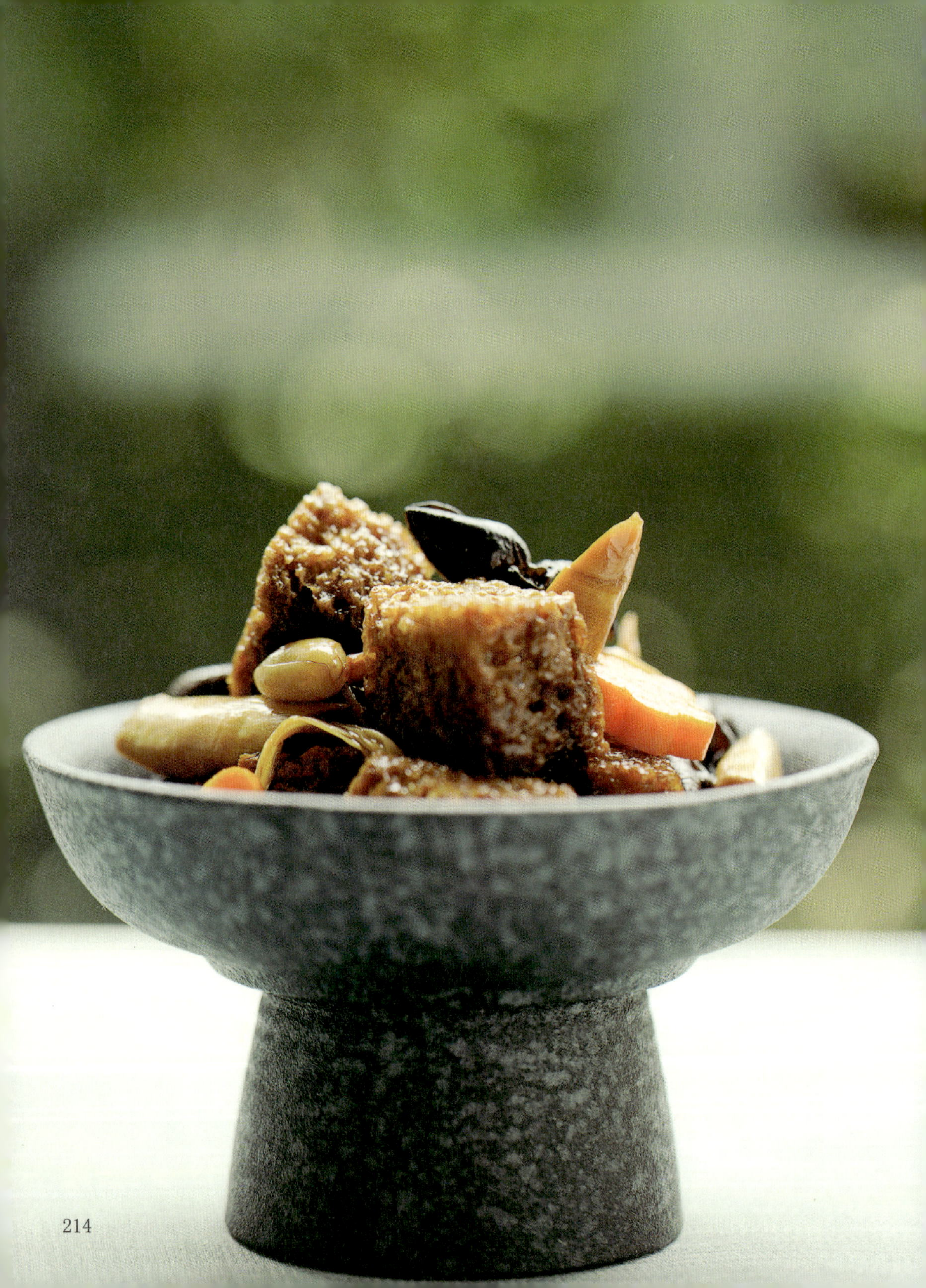

四喜烤麸

食材 / 12人份

烤麸24块　香菇12个　黄花菜36根
花生36颗　黑木耳24朵　笋108g
胡萝卜花12个　姜12片

调料

糖35g　素鲍鱼汁15ml　植物油55ml
老抽13ml　酱油23ml　纯净水200ml

步骤

1. 烤麸、香菇、木耳、黄花菜、花生提前浸泡。烤麸、木耳、笋焯水并挤干水分，花生去掉花生衣待用。
2. 烤麸切2cm方块，胡萝卜切0.5cm厚片，笋滚刀切块状，黄花菜分2段。
3. 烤麸先煎干水分，再放入植物油30ml煎成焦黄盛出待用。
4. 分别煸炒胡萝卜、笋、木耳、香菇，煸炒香菇时放入糖2g。
5. 放入剩下的植物油、糖20g炒成焦糖，放入烤麸翻遍，放入姜片、香菇、木耳、花生、调味料、纯净水，大火炒5分钟后加入笋、黄花菜、糖13g，出锅前放入胡萝卜，收汁即可。

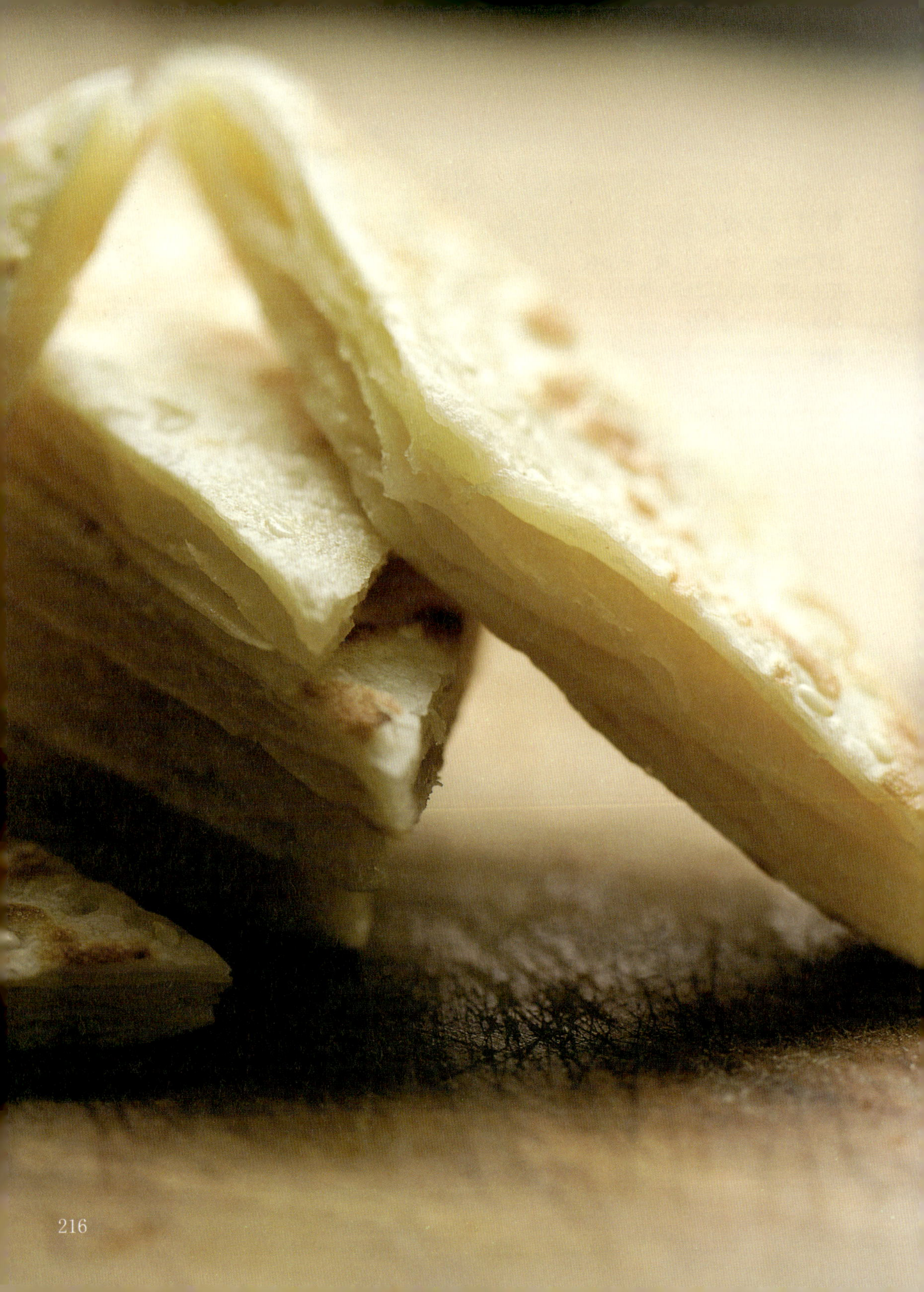

北方烙饼

食材 / 12人份

面粉300g 盐5g 芝麻5g 植物油20ml
纯净水180ml（开水、凉水各90ml）

步骤

1. 将面粉和纯净水揉成面团，放置20分钟，再次揉面至光滑。
2. 将面团擀开成一张大圆片，加入盐、油卷起，再擀成所需要的大小形状，撒上芝麻。
3. 用平底锅中小火，煎至两面金黄即可。

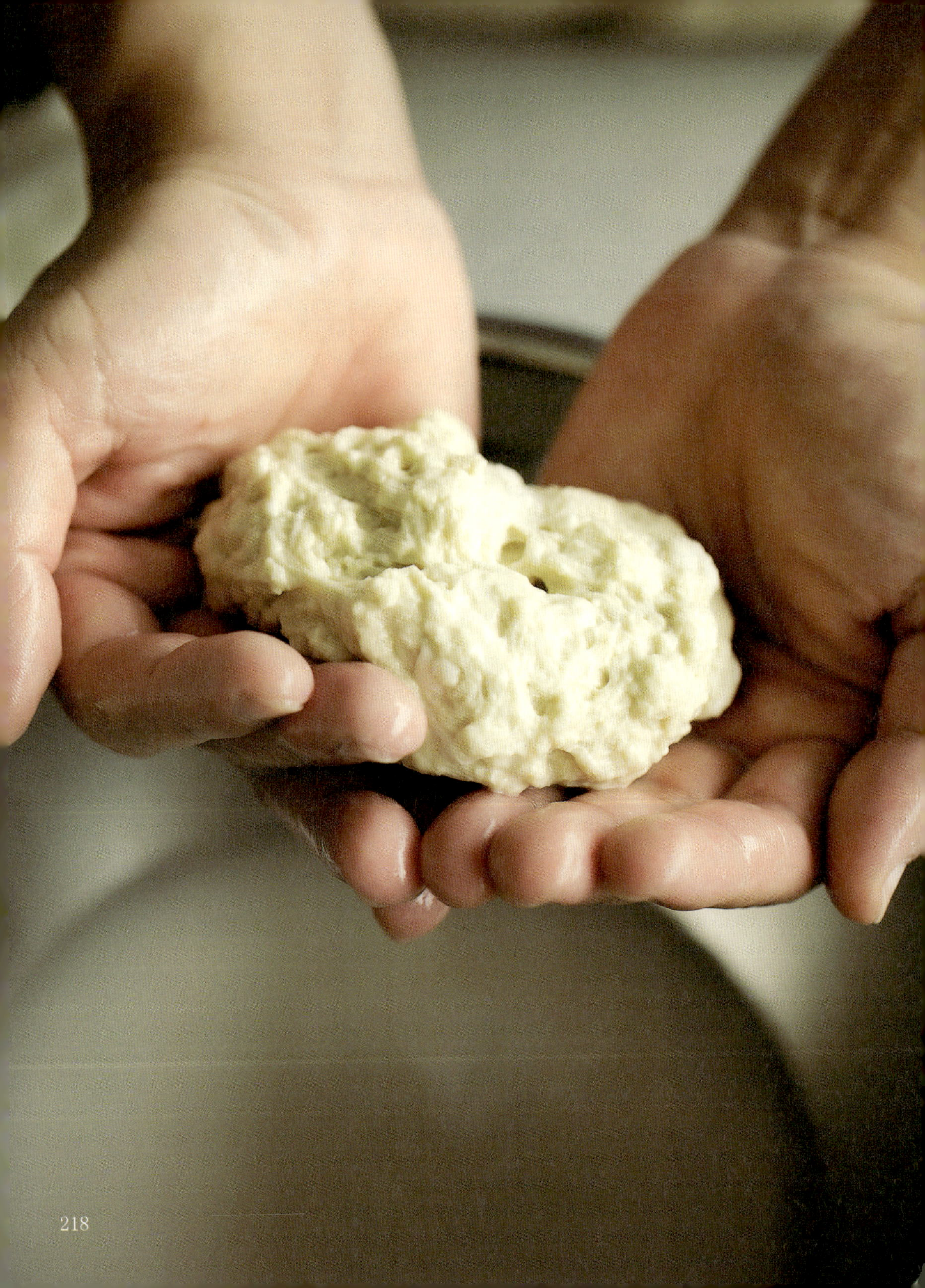

胡辣汤

食材 / 12人份

千张60g　海带丝60g　木耳6g　姜末24g
黄花菜24根　去皮花生米60g　面粉240g
高鲜粉12g　盐12g　胡椒粉10g

步骤

洗面筋

1. 面粉用纯净水120ml和成面团，醒15分钟，用纯净水300ml浸泡10分钟（整个面团都浸泡在水中）。
2. 每次用纯净水300ml抓洗面团，共5次。当洗面水变清即可将洗好的面筋泡在纯净水中备用。

汤料

1. 海带、木耳泡发后与千张切成1mm细丝，黄花菜对半切。
2. 中火把姜末煸香，加入海带丝翻炒片刻后，分别加入木耳、千张、黄花菜翻炒，加入纯净水300ml、盐和高鲜粉，煮开后将洗好的面筋团分揪成约小拇指盖大小的小面筋，盖上盖煮5分钟，中途不要揭开盖子。
3. 加纯净水1.5L，加入花生煮开，慢慢加入洗面筋的面水，筷子顺时针充分搅匀，调整到适宜的稠度，最后加入胡椒粉即可。

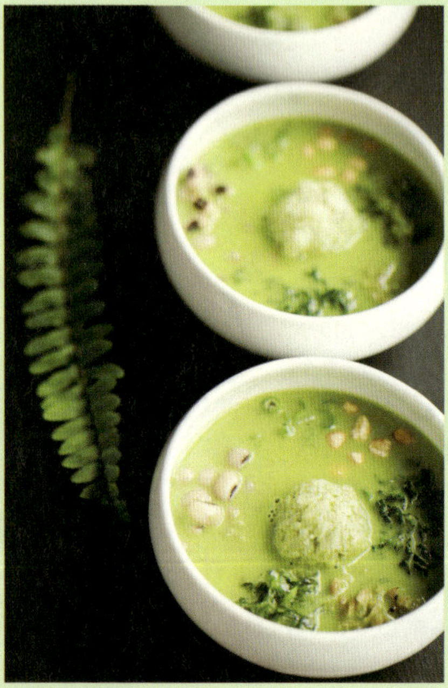

爱是包容。

分别,是爱的对立,

它阻碍了爱的流动,树起高墙。

爱是勇气。

恐惧,是爱的阴影,

它改变了爱的心地,生出荆棘。

爱是智慧。

执着,是爱的沉溺,

它束缚了爱的轻盈,附上枷锁。

爱是一切。

局限,是爱的无知,

它遗忘了爱的力量,失去希望。

愿我们可以学习爱,认识爱,懂得爱。

图书在版编目（CIP）数据

食悟. 2 / 一天一素编著. -- 北京：北京时代华文书局，2021.7
ISBN 978-7-5699-4201-9

Ⅰ. ①食… Ⅱ. ①一… Ⅲ. ①素菜—菜谱 Ⅳ. ①TS972.123

中国版本图书馆CIP数据核字(2021)第113997号

食悟 2
SHI WU 2

编 著 者	一天一素
出 版 人	陈 涛
选题策划	和合编辑部
责任编辑	陈丽杰
责任印制	訾 敬
出版发行	北京时代华文书局 http://www.bjsdsj.com.cn
	北京市东城区安定门外大街138号皇城国际大厦A座8楼
	邮编：100011　电话：010-64267955　64267677　57735442
印　　刷	广东广州日报传媒股份有限公司印务分公司　电话：020-89173419
	（如发现印装质量问题，请与印刷厂质检部联系调换）
开 本	710mm×1000mm　1/16　印 张	14.5　字 数	155千字
版 次	2021年9月第1版　印 次	2021年9月第1次印刷
书 号	ISBN 978-7-5699-4201-9
定 价	78.00元

版权所有，侵权必究